U0195082

○闲雅小品丛书○

主编 曹亚瑟

佳茗似佳人

——煎茶小品赏读

于左 注评

中州古籍出版社

·郑州·

图书在版编目（CIP）数据

佳茗似佳人：煎茶小品赏读 / 于左著 . —郑州：中州古籍出版社，2015. 1（2023. 6 重印）
（闲雅小品丛书）
ISBN 978-7-5348-5110-0

Ⅰ . ①佳⋯ Ⅱ . ①于⋯ Ⅲ . ①茶叶 – 文化 – 中国 Ⅳ . ① TS971

中国版本图书馆 CIP 数据核字（2014）第 290797 号

JIAMING SI JIAREN：JIANCHA XIAOPIN SHANGDU
佳茗似佳人：煎茶小品赏读

丛书策划	梁瑞霞
责任编辑	梁瑞霞
责任校对	岳秀霞
装帧设计	知耕书房

出 版 社	中州古籍出版社（地址：郑州市郑东新区祥盛街 27 号 6 层 邮编：450016 电话：0371-65723280）
发行单位	河南省新华书店发行集团有限公司
承印单位	郑州市毛庄印刷有限公司
开　　本	890 mm × 1240 mm　A5
印　　张	10.5
字　　数	220 千字
版　　次	2015 年 1 月第 1 版
印　　次	2023 年 6 月第 4 次印刷
定　　价	28.00 元

本书如有印装质量问题，请联系出版社调换。

"从来名士能评水，自古高僧爱斗茶。"这是清代书画家郑板桥为扬州的青莲斋写的一副对联，恰好道出了在茶事发展的历史中两种最重要的推动力量，一是僧人，二是文人名士。

饮茶的普及与佛教有些关系。《封氏闻见记》记载，唐玄宗开元年间，许多人跑到泰山的寺院中学禅，习禅的过程当中不能吃晚饭，夜里不能睡觉，但可以喝茶。于是又困又饿的弟子们不停地喝茶，结果都养成了深深的茶癖，之后他们再把这种癖好带回各自的家乡，中原各地从此风行饮茶。

僧人茹素，与酒无缘，这就逼迫着他们寻找一种合适的饮料，以消永日。这种饮料既要有美好的滋味，又能提神醒脑，还不违背禁律，非茶莫属。崇寺大庙通常远离市井，处在深山荒野，那里正是茶树生长的地方。僧人们不必为俗事操劳，每天有太多的时间与茶树接触，琢磨试验。许多茶树的发现和培育，许多茶品的焙制，都有他们的贡献。在一些名茶（比如焦坑茶、虎丘茶、松萝茶、蒙山茶、云雾茶、武夷茶等等）的焙制过程中，僧人发挥了重要作用，明代人最喜欢的岕茶中，顶级品称为老庙后、新庙后，与僧人的关系一望而知。

《墨客挥犀》记载，建安能仁院的僧人采造一种岩茶，名为石岩白，是武夷茶中的精品，每年只能造出八饼，大部分贡献给都城之中的权贵。一些名茶所在地的官员，要以此结交上司，也大肆逼索，让拥有这些名茶的寺院僧人苦不堪言。苏州虎丘寺的僧人就因为不堪官府威逼，怒而铲除寺院的茶树，让著名的虎丘茶从此消失。

文人雅士对于茶事的贡献，主要表现在文字方面。茶有君子之风，含蓄内敛，因此成为文人喜欢吟咏的物事。他们留下的茶诗与茶词数量很多，流传很广。比如柳宗元的诗句"日午独觉无余声，山童隔竹敲茶臼"，杜牧的"今日鬓丝禅榻畔，茶烟轻飏落花风"，卢仝的"七碗吃不得也，唯觉两腋习习清风生"等等都脍炙人口。比如苏轼的词"且将新火试新茶，诗酒趁年华"，黄庭坚的"龙焙头纲春早，谷帘第一泉香"，李清照的"酒阑更喜团茶苦，梦断偏宜瑞脑香"等等，也广被传诵。

诗词之外，更多与茶相关的文字载于文人的

专著和笔记之中，数不胜数，比如陆羽的《茶经》、张又新的《煎茶水记》、蔡襄的《茶录》、黄儒的《品茶要录》、宋徽宗赵佶的《大观茶论》、田艺蘅的《煮泉小品》、周高起的《阳羡茗壶系》、冒襄的《岕茶汇钞》等等，摘取其中的文字出来，就是一篇篇精致的小品文，关乎茶，关乎水，关乎茶事，关乎茶器，关乎品题鉴赏。

书写的同时，文人雅士也亲力亲为，宣扬和创制自己喜欢的茶品、茶具，宣扬自己的茶艺经验。苏轼闲咏的一句"浮石已干霜后水，焦坑新试雨前茶"，让江西一种名气不大、滋味苦硬的焦坑茶名声大振。相比之下，黄庭坚对于双井茶的宣扬，目的性就要明确得多。他以一己之力，通过向友人馈赠、诗文题咏等方式，硬生生把江西老家一种名不见经传的双井茶搞得天下闻名，而且流传千古。

明代学者李日华在江西任职时，发现庐山茶的品质极佳，但当地僧人采造方法不当，焙制出的庐山茶很难喝。李日华借鉴江浙一带的制茶方法，整理出摘采、烘焙、保管的步骤，让僧人镌刻在崖石之上。明末清初的张岱与自己的叔叔一起，借鉴松萝茶的焙制方法，用日铸的茶芽焙制出兰雪茶，品质精良。清代的陈鸿寿，学习时大彬的造壶方法，自制砂壶，名声响亮，号为"曼壶"……

从本质上看，茶和酒、烟、大麻、鸦片一样，作用于人的神经，令人迷醉，而且很容易嗜而成瘾，区别只在于程度。茶性温和，带来的兴奋与迷醉程度比其他几种要轻得多，对人的身体与精神也没有什么损害。

天地眷顾中华，最初只把茶树派给这一方土地。各地自然造化不同，人工灵巧各异，二者相结合，造就了不同的茶品。很难找出另外一种食物，能像茶一样被人们赋予如此多的变化。茶品千百，与茶相关的文字表达也一样丰富，留给我们发挥的空间其实很小。

今天，山野、茶园中的灵芽还会在每一个春天里萌发，古人留下的焙茶技艺也基本还在，那些曾经的好泉名水大多也还能找到，甚至可以借助现代的科学手段，去尝试更多的新发现。二三趣客容易凑齐，清风明月可以等到，新泉活火、疏梅在侧、瓦屋纸窗的环境可以制造。只是当我们端起茶杯时，总会感觉到一点缺憾，总会感觉到有所遗失。

故此，在把盏品茶的同时，我们实在有必要温习一下古人关于茶的那些叙述，那些咏叹。时代虽然遥远，文字和内涵却是如此切近。它们可以释躁平矜，怡情悦性，让我们找回久违的那一点优雅的沉静，找回那一点幽深的韵味，找回长林浮云，找回雨窗晴帘。

卷一 茶事

卷二 茶品

卷三　水品

卷四　茶器

卷一

茶事

酪奴水厄^①　*杨衒之*^②

（王）肃^③初入国，不食羊肉及酪浆^④等物，常饭鲫鱼羹，渴饮茗汁。京师士子道肃一饮一斗，号为"漏厄^⑤"。经数年已后，肃与高祖^⑥殿会，食羊肉酪粥甚多。高祖怪之，谓肃曰："卿中国之味也，羊肉何如鱼羹？茗饮何如酪浆？"肃对曰："羊者是陆产之最，鱼者乃水族之长，所好不同，并各称珍。以味言之，甚有优劣。羊比齐鲁大邦，鱼比邾莒^⑦小国，唯茗不中与酪作奴。"高祖大笑，因举酒曰："三三横，两两纵，谁能辨之，赐金钟。"御史中丞李彪曰："沽酒老妪瓮注瓨^⑧，屠儿割肉与秤同。"尚书右丞甄琛曰："吴人浮水自云工，妓儿掷绳在虚空。"彭城王勰^⑨曰："臣始解此字是'习'字。"高祖即以金钟赐彪。朝廷服彪聪明有智，甄琛和之亦速。彭城王谓肃曰："卿不重齐鲁大邦，而爱邾莒小国。"肃对曰："乡曲所美，不得不好。"彭城王重谓曰："卿明日顾我，为卿设邾莒之食，亦有酪奴。"因此复号茗饮为"酪奴"。

时给事中刘缟慕肃之风，专习茗饮。彭城王谓缟曰："卿不慕王侯八珍，好苍头水厄^⑩。海上有逐臭^⑪之夫，里内有学颦之妇。以卿言之，即是也。"其彭城王家有吴奴，以此言戏之。自是朝贵燕会虽设茗饮，皆耻不复食，惟江表^⑫残民远来降者好之。

后萧衍⑬子西丰侯萧正德归降，时元义欲为之设茗，先问：
"卿于水厄多少?"正德不晓义意，答曰："下官生于水乡，而立
身以来，未遭阳侯之难⑭。"元义与举坐之客皆笑焉。

《洛阳伽蓝记》

【注释】

①酪奴水厄：摘自"正觉寺"一节，标题为编者拟。

②杨衒之（生卒年不详）：北平（今河北满城北）人，生活在北
魏、东魏之交，曾经做过抚军司马。北魏太和年间迁都洛阳，推重佛
教，洛阳城内外建造大量寺院。东魏武定五年，杨衒之居住洛阳，考
察故迹，整理旧闻，写成《洛阳伽蓝记》。全书体例明晰，文字秾丽
秀逸，对研究历史、佛教、文学和地理交通有很高的参考价值。

③（王）肃：字恭懿，琅玡人，原本是南齐的秘书丞，太和十
八年版投北魏，做了尚书令，娶了孝文帝的妹妹。王肃原本有妻子
谢氏，于是营建正觉寺，安顿谢氏。

④酪浆：牛、羊奶浆，有时也指酒浆。

⑤漏卮：底部有孔的酒器。

⑥高祖：北魏孝文帝元宏。

⑦邾莒：春秋时，邻近齐、鲁的两个小国。

⑧瓨（xiáng）：长颈的容器。

⑨彭城王勰：彭城王元勰是孝文帝的弟弟。

⑩水厄：水难，此处指饮茶。《世说新语》：晋司徒长史王濛好
饮茶，人至辄命饮之，士大夫皆患之，每欲往候，必云："今日有
水厄。"

⑪逐臭：特殊的癖好。

⑫江表：长江以南地区，北魏时也指南朝。

⑬萧衍：梁武帝。

⑭阳侯之难：水灾。阳国侯在水中淹死，成为水神，能生成巨浪。

【赏读】

北宋诗人林逋在《孤山寺》诗中有"云峰水树南朝寺，只隔丛篁作并邻。破殿静披蘘白古，斋房闲试酪奴春"之句，其中的"酪奴"一词颇有来历。

王肃从南齐逃奔北魏，受到孝文帝的器重。最初，他无法接受北方鲜卑人的生活方式，在饮食上保持着南方旧有的习惯，喜欢鲫鱼汤，喜欢喝茶，不吃羊肉，不喝牛奶。王肃嗜茶，而且饮量惊人，坐在那里一口气可以喝下一斗水。这让洛阳人看得目瞪口呆，认为他是一只没底的酒器。

人的适应能力是很强的，王肃在洛阳住了几年，慢慢接受了北方的饮食，他在孝文帝面前赞美羊肉、牛奶，贬低鲫鱼羹和茶汤，固然是一个汉人对鲜卑人生活习俗的致敬，却也不全是虚假的客套。

孝文帝的弟弟、彭城王元勰的胸怀就不够开阔，他毫不掩饰对于饮茶习惯的蔑视。元勰的府中有一位南方的奴仆，也喜欢喝茶。而且在当时的北魏，嗜茶者主要是一些来自江东的难民，地位卑下，这在很大程度上影响了元勰等人对于饮茶的看法。元勰邀请王肃到自己府中做客，为他准备茶水，因此创造了一个名词"酪奴"，后世常常拿来指代茶水。元勰委婉地表达了对王肃的轻视，而对于另一位正在开始喜欢饮茶的刘缟就没有这么客气，元勰直接称他为逐臭之夫、效颦之妇。

毕竟，饮茶这种事，一旦喜欢上了，就是一辈子的事。王肃在洛阳吃到美味的羊肉，喝到香浓的牛奶，他可能因此放弃鲫鱼汤，但绝不会丢掉自己的茶盏和茶炉，无论别人怎么说。

《答族侄僧中孚①赠玉泉仙人掌茶》序 李白②

　　余闻荆州玉泉寺③近青溪诸山，山洞往往有乳窟④，窟中多玉泉交流。中有白蝙蝠，大如鸦。按仙经，蝙蝠一名仙鼠，千岁之后体白如雪。栖则倒悬，盖饮乳水⑤而长生也。其水边处处有茗草罗生，枝叶如碧玉。唯玉泉真公⑥常采而饮之，年八十余岁，颜色如桃花。而此茗清香滑熟，异于它者，所以能还童振枯，扶人寿也。余游金陵，见宗僧中孚，示余茶数十片，拳然重叠，其状如手，号为仙人掌茶。盖新出乎玉泉之山，旷古未觌⑦，因持之见遗，兼赠诗，要余答之，遂有此作。后之高僧大隐，知仙人掌茶，发乎中孚禅子及青莲居士李白也。

《李太白全集》

【注释】

　　①僧中孚：金陵高座寺的僧人，李白的同族侄子。

　　②李白（701～762）：字太白，号青莲居士，出生于碎叶（今吉尔吉斯斯坦境内），幼年时回到四川江油，并在那里长大。李白诗风浪漫，想象丰富，文辞飘逸优美，被誉为"诗仙"。

　　③荆州玉泉寺：唐代名寺，《方舆胜览》说此寺位于当阳县西南二十里的玉泉山中。又说玉泉山中有寒泉，过客多在此地题诗。

　　④乳窟：溶洞，其中往往会形成钟乳石和石笋等。

⑤乳水：溶洞中的泉水，又称乳穴水，因为其中含有矿物质，比重相对较大。古人认为其有养生功效。

⑥玉泉真公：玉泉寺高僧。

⑦觌（dí）：相见。

【赏读】

李白游历金陵，同族的晚辈、僧人李中孚送给他几十片仙人掌茶。从李白的文字来推测，这种茶叶人力加工的痕迹很少，保持着天然的形态，形状如人手，有些卷曲，不是后来唐宋流行的茶饼。喝到嘴里，"清香滑熟"，口感与滋味都与普通的茶汤差别明显，而且据说还能益寿延年，返老还童。

看来，李白所谓的仙人掌茶不像是普通意义上的茶，更像是一种草本蕨类植物。南宋《容斋随笔》中称，在池州的九华山中有一种类似仙人掌茶的植物，"略如蕨拳"。池州距离荆州不算太远，纬度也差不多，这两种植物大概是同类。

李白是北方人，在四川长大，以后游历各地，这首诗与诗序显示他对于茶的知识有限。要么是他对茶毫无兴趣，要么是在李白的时代，饮茶还不是很常见的行为。只有像玉泉寺的高僧玉泉真公、僧人中孚这些山野之人才经常饮用。

李白留下的诗文不少，其中提到酒的地方很多，提到茶茗的地方寥寥无几，这首诗及诗序是最集中的一处。与李白诗中弥漫的酒气相比，茶气稀薄，反差鲜明。

李白的文字瑰丽，写他没有去过的地方，写他不太熟悉的茶，也不忘提一下千年长寿的白蝙蝠，栖居在溶洞之中，洞中有钟乳石，有清澈的玉泉，仙人掌茶就生长在玉泉之旁。而且喝玉泉水、饮仙人掌茶，可以让人长寿。一个人的文字是有性格的，李白笔下的茶，是不是真正意义上的茶，值得怀疑，但可以确定的是，它带着几分仙气。

茶之煮　陆羽①

　　其火用炭，次用劲薪②。其炭，曾经燔炙，为膻腻所及，及膏木③、败器，不用之。古人有劳薪④之味，信哉！

　　其水，用山水上，江水中，井水下。其山水，拣乳泉、石池慢流者上；其瀑涌湍漱，勿食之，久食令人有颈疾。又，多别流于山谷者，澄浸不泄⑤，自火天至霜郊以前⑥，或潜龙蓄毒于其间，饮者可决之，以流⑦其恶，使新泉涓涓然，酌之。其江水，取去人远者。井水，取汲多者。

　　其沸，如鱼目，微有声，为一沸；缘边如涌泉连珠，为二沸；腾波鼓浪，为三沸。已上，水老，不可食也。

《茶经》

【注释】

　　①陆羽（733～约804）：字鸿渐，又名陆疾，字季疵，湖北天门人。陆羽相貌丑陋，而且口吃，幼孤，由僧人抚养成人，后来逃出寺院，唐玄宗天宝年间做过优伶。唐肃宗上元年间，隐居苕溪，自称桑苎翁，安心著述。著有《茶经》《君臣契》《源解》《江表四姓谱》等。

　　②劲薪：指桑木、槐木、桐木、栎木等。

　　③膏木：富含油脂的木材，比如柏木、松木等。

④劳薪：朽烂、陈旧的木料。

⑤澄浸不泄：闭塞，不流动。

⑥火天：夏天。霜郊：深秋。

⑦流：冲刷。

【赏读】

三卷本的《茶经》是我国第一部茶学著作，分别从"茶之源""茶之具""茶之造""茶之器""茶之煮""茶之饮""茶之事""茶之出""茶之略""茶之图"等十个方面入手，全面、系统地介绍与茶相关的事务。论述精当，文字"朴雅有古意"，为传世经典。作者陆羽因此被称为茶神。

经典之所以成为经典，是因为它揭示了许多本质的东西，不会因为时代的演进而过时，陆羽的《茶经》就是这样一部著作。

关于火，关于煮水的燃料，陆羽强调用炭，用硬木，最忌讳使用被污染的、有异味的燃料。后世一些雅士使用松枝、松子为烧水的燃料，不是真懂茶者。至于宋朝人所说"且将新火试新茶，诗酒趁年华"，"却忆江南田舍乐，旋敲生火煮新茶"，根本就是文字上的雕琢，与燃料无关。

陆羽关于水的论点，没有解释其中的道理，更多的是生活经验的总结。也因此，反而更经得住时间的考验。

从陆羽的文字中可以看到，唐代饮茶的器具和饮茶过程要比后世繁复得多，唐代人对于饮茶的态度，也比后世的人认真、虔诚得多。

饮茶 封演①

茶早采者为茶，晚采者为茗。《本草》云："止渴，令人不眠。"南人好饮之，北人初不多饮。开元中，泰山灵岩寺有降魔师大兴禅教，学禅务于不寐，又不夕食②，皆许其饮茶。人自怀挟，到处煮饮，从此转相仿效，遂成风俗。自邹、齐、沧、棣，渐至京邑，城市多开店铺煎茶卖之，不问道俗，投钱取饮。其茶自江淮而来，舟车相继，所在山积，色额甚多。

楚人陆鸿渐为《茶论》，说茶之功效并煎茶、炙茶之法，造茶具二十四事，以"都统笼"贮之。远近倾慕，好事者家藏一副。有常伯熊者，又因鸿渐之论，广润色之。于是茶道大行，王公朝士无不饮者。

御史大夫李季卿宣慰③江南，至临淮县馆，或言伯熊善茶者，李公请为之。伯熊着黄被衫，乌纱帽，手执茶器，口通茶名，区分指点，左右刮目。茶熟，李公为歠④两杯而止。既到江外，又言鸿渐能茶者，李公复请为之。鸿渐身衣野服，随茶具而入，既坐，教摊如伯熊故事。李公心鄙之。茶毕，命奴子取钱三十文酬煎茶博士。鸿渐游江介，通狎⑤胜流，及此羞愧，复著《毁茶论》。伯熊饮茶过度，遂患风气，晚节亦不劝人多饮也。

吴主孙皓每宴群臣，皆令尽醉。韦昭饮酒不多，皓密使以茶茗自代。晋时谢安诣陆纳，纳无所供办，设茶果而已。

按，此古人亦饮茶耳，但不如今人溺之甚。穷日尽夜，殆成风俗。始自中地，流于塞外。往年回鹘入朝，大驱名马市茶而归，亦足怪焉。

《续搜神记》云："有人因病能饮茗一斛二斗，有客劝饮过五升，遂吐一物，形如牛胰，置盘中以茗浇之，容一斛二斗。客云：'此名茗瘕⑥。'"

　　　　　　　　　　　　　　　　　　　　《封氏闻见记》

【注释】

①封演（生卒年不详）：唐玄宗天宝年间为太学生，大约在天宝末年中进士榜，大历年间做过邢州刺史。《新唐书·艺文志》收录其著作《古今年号录》一卷、《续钱谱》一卷。《宋史·艺文志》收录《闻见记》五卷、《元正占书》一卷。现有《封氏闻见记》存世，很有史料价值。

②不夕食：佛教中有过午不食的戒律。

③宣慰：代表皇帝到某地视察，或者抚慰臣民，宣达政令。

④歠（chuò）：喝，饮。

⑤通狎：交往。

⑥瘕（jiǎ）：体内肿块，寄生虫。

【赏读】

《封氏闻见记》记载作者封演的见闻，有掌故，有士大夫逸事，也有所见古迹，"语必征实"，一改唐代笔记小说"率涉荒怪"之风气。

这篇文字称得上唐代的一部"茶茗简史"，是研究饮茶历史的重要资料。

饮茶的风气首先在产茶的地方流行开来。三国时代，在地处东南的东吴，饮茶已经很普遍，所以在皇家的酒宴上茶、酒并列。吴主孙皓暗中允许酒量不济的韦昭作弊，以茶代酒，这种小手腕一直沿用到今天，其历史真是悠久。

饮茶之风在中原的传播，是在唐玄宗开元年间，和其他许多事情一样，也是通过宗教途径。佛教、道教在唐代人的生活中的地位有多么重要，我们今天已经无法想象。当时山东的许多信众跑到泰山，跟随僧人学习禅道，不吃晚饭，不睡觉。饿急了，困极了，可以喝茶水。于是，每天的下午和黄昏，大家带着一些茶叶在山上各处烧水烹茶，一大碗一大碗地喝下去，欺骗自己的肚子，激发自己的精神。长久坚持下来，都养成了顽固的茶癖，再从泰山带回到各自的家乡。饮茶的风气因此快速传播，中原各地冒出许多茶铺，煎茶卖茶。随后便出现了陆羽和他的那部经典——《茶经》。

一部《茶经》在制茶、煎茶和饮茶等方面制订了规范。一个名叫常伯熊的人学会了陆羽的煎茶手段，加以发挥和提高。常伯熊和陆羽先后给御史大夫李季卿烹茶，遭遇却截然不同。陆羽的煎茶手段当然要比常伯熊精湛，二人之间的差别主要在形式上。常伯熊身穿黄衫，头戴乌纱帽，煎茶的过程中，嘴里高声说着茶名，很有一些表演的味道，有一种仪式化的庄严感，而且他又很注重别人的观感。陆羽在这些方面的表现完全相反，可以称得上糟糕——他衣衫破旧，自己提着茶具来到李季卿面前，立刻开始埋头煎茶，全无交流。陆羽的相貌很丑，说话又结巴，表达与沟通能力低下，给人的印象非常差。有时候，形式也是非常重要的。

茶述　裴汶①

　　茶，起于东晋，盛于今朝。其性精清，其味浩洁，其用涤烦，其功致和。参百品而不混，越众饮而独高。烹之鼎水，和以虎形②。千人服之，永永不厌。与粗食争衡，得之则安，不得则病。彼芝、术、黄、精③，徒云上药，至效在数十年后，且多禁忌，非此伦也。

　　或曰：多饮令人体虚病风。余曰：不然，夫物能祛邪，必能辅正，安有蠲逐丛病而靡保太和哉④？今宇内为土贡实众，而顾渚、蕲阳、蒙山为上，其次则寿阳、义兴、碧涧、灉湖、衡山，最下有鄱阳、浮梁。今其精者无以尚焉，得其粗者，则下里兆庶，瓶盎纷揉。苟未得，则胃腑病生矣。人嗜之如此者，两晋已前无闻焉。至精之味或遗也。作《茶述》。

《茶述》

【注释】

　　①裴汶（生卒年不详）：唐代人，做过礼部员外郎，著有《茶述》一书。古代坊间尊奉陆羽为茶神，常把裴汶、卢仝配享两侧。

　　②虎形：盐。《左传》中有"盐虎形"的说法，祭祀时"以象武也"。

　　③芝：灵芝。术（zhú）：白术，苍术。黄：雄黄。精：黄精，

地精，人参。

④太和：精神，元气。

【赏读】

文献中经常把裴汶的《茶述》与陆羽的《茶经》并列，但今天能见到的《茶述》内容只有这一段文字。

唐代人认为饮茶可以涤烦致和，却担心饮茶过量会让人体质虚弱，引起风疾。当时许多人长时间饮茶，已经对其产生依赖，无茶可喝的时候身体就会出问题。

这种问题是否与饮茶相关，难以判断。但是，一些嗜茶成癖的人喝茶过度，喝茶不得法，确会让身体出问题。于是古代医书中就有了治疗茶癖的药方，比如明代医书《赤水元珠》中的"茶积丸"和"茶癖散"等。

唐朝茶的品种已经相当丰富。皇帝跟在世俗饮食风尚的后面，凡是大家喜欢吃的，喜欢喝的，皇家就要人挑选最好的那一部分，作为贡品，供自己享用。茶叶也是如此，各地挑选本地最好的茶品进贡，裴汶列出了一个清单，大约有三个等级，其中的顶级好茶有顾渚、蕲阳、蒙山等。

顾渚茶产在湖州的长兴县，唐代诗人杜牧曾经在湖州做过地方官，写过几首诗，在一首《题茶山》中提到每年监督制作贡茶之事，有"山实东南秀，茶称瑞草魁。剖符虽俗吏，修贡亦仙才"等句。

采茶录 温庭筠[①]

辨

代宗朝李季卿刺湖州，至维扬[②]，逢陆鸿渐。抵扬子驿，将食，李曰："陆君别茶闻，扬子南零水又殊绝，今者二妙千载一遇。"命军士谨慎者深入南零，陆利器以俟[③]。俄而水至，陆以杓扬水曰："江则江矣，非南零，似临岸者。"使者曰："某棹舟深入，见者累百，敢有绐[④]乎？"陆不言，既而倾诸盆，至半，陆遽止之，又以杓扬之曰："自此南零者矣。"使者蹶然骇曰："某自南零赍[⑤]至岸，舟荡，覆过半，惧其鲜[⑥]，挹岸水增之。处士之鉴，神鉴也，某其敢隐焉！"

李约，汧公子也，一生不近粉黛，性辨茶，尝曰："茶须缓火炙，活火煎。"活火谓炭之有焰者。当使汤无妄沸，庶可养茶。始则鱼目散布，微微有声；中则四边泉涌，累累连珠；终则腾波鼓浪，水气全消，谓之老汤。三沸之法，非活火不能成也。

嗜

甫里先生陆龟蒙，嗜茶荈，置小园于顾渚山下，岁入茶租，薄为瓯蚁[⑦]之费。自为《品第书》一篇，继《茶经》《茶诀》

之后。

易

白乐天方斋⑧，禹锡正病酒，禹锡乃馈菊苗、虀⑨、芦菔⑩、鲊⑪，换取乐天六班茶二囊，以自醒酒。

苦

王濛好茶，人至辄饮之，士大夫甚以为苦，每欲候濛，必云："今日有水厄。"

致

刘琨与弟群书："吾体中愦闷，常仰真茶，汝可信致之。"

《采茶录》

【注释】

①温庭筠（801～866）：本名岐，字飞卿，太原（今山西太原市西南）人。有文采，工辞章，与李商隐齐名，并称为"温李"。温庭筠著述颇多，诗赋韵格清拔，《新唐书·艺文志》收录《握兰集》三卷、《金荃集》十卷、《诗集》五卷、《汉南真稿》十卷、《采茶录》一卷。

②维扬：今江苏扬州。

③利器：茶具。俟：等待。

④绐：欺骗。

⑤赍：携带。

⑥鲜：少。

⑦瓯蚁：亦作"瓯蟻"，瓯中的茶沫，借指"茶"。

⑧方斋：正在斋戒。

⑨膏：肉脍。

⑩芦菔：萝卜。

⑪鲊：腌鱼。

【赏读】

《采茶录》在《新唐书·艺文志》中著录为一卷，《通志》中著录为三卷，今天能见到的，只有本条中的内容。

李季卿在扬州巧遇陆羽，想让陆羽煎出最高品质的好茶，派出军人到江中去汲取著名的南零水。在取回的一罐水中，陆羽能辨别出哪些是江心水，哪些是近岸水，眼力神奇。

煎茶之水，陆羽在《茶经》中最推崇的是山泉之水，江水稍逊，井水最下。除此之外，陆羽的《茶经》并没有给出更具体的评判。

年代比温庭筠稍晚几年的张又新在《煎茶水记》中提到，自己在荐福寺看到一册《煮茶记》，其中记述了同样的故事。而且李季卿请陆羽具体评判一下天下之水，陆羽认为"楚水第一，晋水最下"，其中又把南零水排列在第七位。

文中提到的另一位李约，是李勉的儿子。李勉是皇家宗亲，被封为汧国公，儿子李约做过兵部员外郎，清高不俗，也是一个茶道高手。李约的茶瘾极大，经常亲自动手煎茶，如果有客人陪伴他一起喝的话，可以一整天喝个不停。《因话录》中说李约曾经奉命出行，走到陕州硖石县，遇到一处清澈的溪流，心中大爱，留在那里十多天，看水，尝水，试水，把身上的使命全都忘了，绝对是一个性情中人。

李约关于活火、三沸的说法，都是经验之谈。由炭而生的活火有明显的优点，一是没有烟气，二是可以达到很高的温度，而且比较恒定，变化较小。李约又提到一个"养茶"的说法，这大致和陆羽所谓的"育华"是一个意思，就是拿捏好水沸的程度，以使煎茶的滋味最美妙。

刘禹锡向白居易讨茶，是一个正确的选择。在茶酒之间，刘禹锡明显倾向于后者，这在他的诗文中也有鲜明的反映。而白居易既喜欢酒，又喜欢茶，而且他阅历丰富，品尝过不少好茶。

白居易在诗中经常将茶、酒并列，比如"酒嫩倾金液，茶新碾玉尘。可怜幽静地，堪寄老慵身"，"小盏吹醅尝冷酒，深炉敲火炙新茶"。在一首《镜换杯》中，白居易如此比较茶与酒的功用："茶能散闷为功浅，萱纵忘忧得力迟。不似杜康神用速，十分一盏便开眉。"

甫里先生传（节选）　　陆龟蒙①

　　先生之居，有池数亩，有屋三十楹，有田奇十万步，有牛不减四十蹄，有耕夫百余指。而田污下②，暑雨一昼夜，则与江通，无别己田他田也。先生由是苦饥，困仓③无斗升蓄积，乃躬负畚锸④，率耕夫以为具⑤。由是岁波虽狂，不能跳吾防，溺吾稼也。或讥刺之，先生曰："尧舜霉瘠，大禹胼胝，彼非圣人耶？吾一布衣耳，不勤劬⑥，何以为妻子之天乎？且与蚤虱名器、雀鼠仓庾者何如哉？"

　　先生嗜荈，置园于顾渚山下，岁入茶租十许薄⑦，为瓯牺之实，自为《品第书》一篇，继《茶经》《茶诀》之后。南阳张又新尝为《水说》，凡七等，其二曰惠山寺石泉，其三曰虎丘寺石井，其六曰吴松江。是三水，距先生远不百里，高僧逸人时致之，以助其好。先生始以喜酒得疾，血败气索者二年，而后能起。有客至，亦洁樽置觯，但不复引满向口尔。

　　性不喜与俗人交，虽诣门不得见也。不置车马，不务庆吊⑧，内外姻党，伏腊⑨丧祭，未尝及时往。或寒暑得中⑩，体性无事时，乘小舟，设篷席，赍一束书、茶灶、笔床、钓具、棹船郎而已。所诣小不会意，径还不留，虽水禽戛起、山鹿骇走⑪之不若也。人谓之"江湖散人"，先生乃著《江湖散人传》而歌咏之。由是溷毁誉不能入，利口者⑫亦不复致意。

先生性惆急，遇事发作，辄不含忍，寻复悔之，屡改不能矣。先生无大过，亦无出入事，不传姓名，无有得之者，岂涪翁渔父、江上丈人之流者乎?

《甫里集》

【注释】

①陆龟蒙（？~881）：字鲁望，号甫里先生、天随子、江湖散人。三吴（今江苏苏州一带）人。性情高迈，学问精深。进士考试失败一次之后，陆龟蒙无意科举，做过湖州刺史张抟的幕僚，以后隐居松江甫里，专心著述，名震江右。作品有《小名录》《笠泽丛书》《松陵集》等，宋人总编为《甫里集》。

②污下：地势低洼。

③囷仓：粮仓。

④畚锸：两样农具。畚，一种容器。锸，用于挖掘。

⑤具：具区，池泽，这里指沟渠、高垄一类的防涝设施。

⑥劬（qú）：勤劳。

⑦簿（bù）：账簿，代指茶费。

⑧庆吊：喜事与丧事，代指人际交往。

⑨伏腊：伏祭和腊祭，代指节日。

⑩得中：合适，恰当。

⑪水禽戛起、山鹿骇走：形容他离开的速度之快。戛，象声词。陆龟蒙到了自己不喜欢的地方，立刻转身就走，片刻不留。

⑫利口者：口舌灵巧之人。

【赏读】

"天赋识灵草，自然钟野姿。闲来北山下，似与东风期。雨后探芳去，云间幽路危。唯应报春鸟，得共斯人知。"这是陆龟蒙的一首《茶人》，专咏顾渚山中的采茶人。陆龟蒙的朋友皮日休写有《茶中杂咏》十首，其中的一首《茶人》中有"生于顾渚山，老在漫石坞。语气为茶荈，衣香是烟雾"等句，陆龟蒙以此诗相和。

晚唐时候，饮茶已经十分普及，其中一些品质优异者成为抢手货，顾渚茶就是其中之一种。陆龟蒙选择定居的地点很好，距离顾渚山、惠山寺、虎丘寺、松江都不远，既有好茶，又比较方便获取好水，对于一个嗜茶者来说，算得上一块福地。此外，他有属于自己的一处茶园，位置就在顾渚山下。选择在顾渚山开辟茶园，因为这里是吴兴郡出产贡茶的地方，气候与土壤的条件大致相当，茶园中所产的茶叶，应该与贡茶品质相近。陆龟蒙再把茶园租出去，每年从所产的茶叶中提取园租，不求赢利，起码可以保证自己能享用到纯正的顾渚茶。对于一个嗜茶者来说，这样的投入产出十分值得。

《茶中杂咏》 序 皮日休[1]

案《周礼》：酒正[2]之职，辨四饮之物，其三曰"浆"。又浆人[3]之职，共王之六饮：水、浆、醴、凉[4]、医、酏[5]，入于酒府。郑司农云："以水和酒也。"盖当时人率以酒醴为饮，谓乎六浆，酒之醨[6]者也，何得姬公制？《尔雅》云："槚，苦茶。"即不撷而饮之，岂圣人纯于用乎？抑草木之济人，取舍有时也？

自周已降，及于国朝茶事，竟陵子陆季疵言之详矣。然季疵以前，称茗饮者必浑以烹之。与夫瀹蔬而啜者无异也。季疵之始为经三卷，由是分其源，制其具，教其造，设其器，命其煮，俾饮之者除痟而去疠，虽疾医之不若也。其为利也，于人岂小哉？余始得季疵书，以为备矣。后又获其《顾渚山记》二篇，其中多茶事，后又太原温从云、武威段碣之各补茶事十数节，并存于方册。茶之事，由周至于今，竟无纤遗矣。昔晋杜育有《荈赋》，季疵有《茶歌》，余缺然于怀者，谓有其具而不形于诗，亦季疵之余恨也。遂为十咏寄天随子。

《皮子文薮》

【注释】

①皮日休（约838～约883）：字逸少，又字袭美，自号醉翁先生，襄阳（今属湖北）人，唐懿宗咸通年间进士，做过著作郎、太

常博士，唐末文学家，有《皮子文薮》存世。

②酒正：酒官，掌管酒的政令。

③浆人：官名，掌管王室饮品。

④凉：以水和酒，以饭和水，也指粥。

⑤酏（yǐ）：米酒，黍酒。

⑥醨（lí）：淡薄之酒。

【赏读】

唐末政治昏乱，皮日休性情冲淡，隐居乡间，与陆龟蒙来往密切，彼此欣赏，经常诗文唱和。后来陆龟蒙把这些诗汇集起来，编为《松陵集》。

在酒与茶之间，皮日休其实更喜欢酒。但陆龟蒙因为饮酒过度，伤了身体，不敢再喝。大概是为了寻找大家都感兴趣的话题，皮日休写了这一组《茶中杂咏》，共赋诗十首，分别吟咏茶坞、茶人、茶舍、茶灶等。这一段文字是其诗序。

陆龟蒙看到以后，依题、依韵和诗十首。比较二人的同题诗句，可以看出各人的品格。比如其中一首《煮茶》，皮日休写道："香泉一合乳，煎作连珠沸。时看蟹目溅，乍见鱼鳞起。声疑带松雨，饽恐生烟翠。傥把沥中山，必无千日醉。"陆龟蒙和道："闲来松间坐，看煮松上雪。时于浪花里，并下蓝英末。倾余精爽健，忽似氛埃灭。不合别观书，但宜窥玉札。"两相对照，皮日休规规矩矩地写茶，陆龟蒙诗中的烟霞泉石之气要更多一些。

《北苑焙新茶》序 丁谓[1]

天下产茶者将七十郡半，每岁入贡，皆以社前、火前为名[2]，悉无其实。惟建州出茶有焙[3]，焙有三十六，三十六中惟北苑发早，而味尤佳。社前十五日即采其芽，日数千工[4]，聚而造之，逼[5]社即入贡。工甚大，造甚精，皆载于所撰《建阳茶录》，仍作诗以大[6]其事。

《诗话总龟》

【注释】

①丁谓（966～1037）：字谓之，又改字公言，苏州长洲（今江苏苏州）人，宋太宗淳化年间考中进士，做过福建转运使、工部员外郎、枢密直学士、吏部尚书、宰相等。

②社：社日，立春之后的第五个戊日。火：寒食节，禁火。

③焙：微火烘烤。

④工：工作量。

⑤逼：临近。

⑥大：宣扬。

【赏读】

这是一篇诗序，作者丁谓是一个很会做官的人，他在福建做过转运使，建州北苑的贡茶就在他的管辖之下，他主持创制了贡品龙团，很受欢迎。

也因此，丁谓对北苑茶事相当熟悉。宋代人注重所谓的社前茶、火前茶，但丁谓认为，建州三十六处茶场当中，只有北苑制造的社前茶名副其实，味道好，品质佳，采摘和制作都很及时，抢在社日到来之前运往京城，送进宫中给皇帝品尝。

这种高效率的背后，其实是无数茶工的辛苦劳作。丁谓在《北苑焙新茶》诗中就写道："散寻荣树遍，急采上山频。宿叶寒犹在，芳芽冷未伸。"

丁谓好像担心世人不知道他在福建做得有多好，又是写书，又是写诗，大肆宣扬。宣传的效果当然很好，之后丁谓一路高升，仕途坦荡。

丁谓和晚后的蔡襄为了个人前程，劳民媚上，但正直之士颇不以为然。

《龙茶录》^①后序　欧阳修^②

　　茶为物之至精，而小团又其精者，录叙^③所谓上品龙茶^④者是也。盖自君谟^⑤始造而岁贡焉，仁宗尤所珍惜，虽辅相之臣未尝辄赐。惟南郊大礼致斋之夕，中书、枢密院各四人共赐一饼，宫人翦金为龙凤花草贴其上。两府八家分割以归，不敢碾试，相家藏以为宝，时有佳客，出而传玩尔。至嘉祐^⑥七年，亲享明堂^⑦，斋夕，始人赐一饼，余亦忝预^⑧，至今藏之。

　　余自以谏官^⑨供奉仗内，至登二府^⑩，二十余年，才一获赐，而丹成龙驾^⑪，舐鼎^⑫莫及，每一捧玩，清血交零而已。因君谟著录，辄附于后，庶知小团自君谟始，而可贵如此。

　　治平^⑬甲辰七月丁丑，庐陵欧阳修书还^⑭公期^⑮书室。

《文忠集》

【注释】

　　①《龙茶录》：即《茶录》，作者蔡襄。

　　②欧阳修（1007～1072）：字永叔，号醉翁，晚号六一居士，谥号文忠。北宋文学家，参与修撰《新唐书》，自撰《新五代史》，作品收入《文忠集》。

　　③录叙：蔡襄《茶录》的自序。

　　④上品龙茶：蔡襄在序文中说："所进上品龙茶，最为精好。"

⑤君谟：蔡襄，字君谟，仙游人，宋仁宗天圣八年进士，官至端明殿学士。

⑥嘉祐：宋仁宗年号。

⑦明堂：宋仁宗以大庆殿为明堂，多次在这里大飨天地。

⑧忝预：有幸参加。

⑨谏官：宋仁宗庆历三年，欧阳修知谏院。

⑩至登二府：宋代的中书省与枢密院分别掌管文武，号为"二府"。宋仁宗嘉祐五年，欧阳修担任枢密副使。嘉祐六年，参知政事，也就是副宰相。此时距离欧阳修担任谏官已经二十多年。

⑪丹成龙驾：指宋仁宗驾崩。

⑫舐鼎：攀附。

⑬治平：宋英宗年号。

⑭书还：《茶录》被好事者刊刻成书，欧阳修的这篇后序直接书写在书后，送还藏书者。

⑮公期：薛公期，欧阳修第三任妻子薛氏的兄弟，书画收藏颇为丰富。

【赏读】

　　欧阳修与《龙茶录》的作者蔡襄曾经同为谏官，又一起编修起居注，关系密切。两个人都是宋仁宗的宠臣，欧阳修在做谏官时得罪了许多人，后来经历坎坷。蔡襄的仕途要平顺一些。

　　因为母亲年迈，蔡襄主动要求到福州任职，以后又改任福建路转运使。小团茶就是这时候的产物，宋仁宗很喜欢，曾经亲笔书写"君谟"二字，派特使送给蔡襄。

　　关于龙茶和小团茶，欧阳修在《归田录》中有过更详细的描述。当时的龙茶与凤茶，称为团茶，都是茶中精品，八个团饼加到一起重约一斤。宋仁宗庆历年间，蔡襄出任福建路转运使，监造更为精致的团茶，称之为小团，规格比龙、凤团更小，二十枚茶团的重量约为一斤。当时需要二两黄金才可以买到一枚小团。这种茶又称为曾坑小团，据说每年进贡的数量只有一斤，也就是二十枚，难怪宋仁宗那么小气，让四位大臣共分一枚小团。

当时宋仁宗还没有选定皇太子，有人怀疑蔡襄贡献小团的动机是为了取悦皇上。也有人认为，监造贡茶原本就是转运使的职责，蔡襄不过是把贡茶做得更精致一些，职责所在，不算媚上。

在这篇后序当中，欧阳修没有细致描摹小团本身，只是一味记述自己对于小团的珍视，侧面衬托出小团的精致宝贵，其实也是对蔡襄这位转运使的最高褒奖。既然蔡襄是小团的监造者，好友欧阳修又把小团视为珍宝，一直舍不得冲泡品尝，当初蔡襄实在应该送他一枚，为这篇后序预付润笔。

欧阳修对小团的珍爱，其实是把一块好茶饼白白地糟蹋了。宋代的唐庚在《斗茶记》中说"茶不问团、锭，要之贵新"，唐庚认为，嘉祐七年得到的小团，到欧阳修写作这一篇后序时，依然没舍得享用，时隔六七年，只怕早已经全无茶味。或许，欧阳修从来就没想过要品尝这块小团茶，只把它视为一种荣耀，从文字上推测，欧阳修不是一个嗜茶之人。

《茶录》序 蔡襄①

臣前因奏事，伏蒙陛下谕，臣先任福建转运使日，所进上品龙茶，最为精好。臣退念草木之微，首辱陛下知鉴，若处之得地②，则能尽其材。昔陆羽《茶经》不第③建安之品，丁谓《茶图》独论采造之本，至于烹试，曾未有闻。臣辄条④数事，简而易明，勒⑤成二篇，名曰《茶录》。伏惟清闲之宴，或赐观采。臣不胜惶惧荣幸之至。谨叙。

《端明集》

【注释】

①蔡襄（1012~1067）：字君谟，谥号忠惠，兴化仙游（今福建仙游）人，宋仁宗天圣八年考中进士，曾任西京留守推官、龙图阁直学士、开封知府、枢密直学士、端明殿学士。北宋文学家、书法家，有《端明集》存世。

②得地：合适的地方。

③第：评定，排序。

④条：分列，列举。

⑤勒：写成，雕刻。

【赏读】

《茶录》一卷，作者蔡襄，分为上下两篇。上篇论茶，包括色、香、味、藏茶、炙茶、碾茶、罗茶、候汤、熁盏、点茶等。下篇论茶器，有茶焙、茶笼、砧椎、茶钤、茶碾、茶罗、茶盏、茶匙、汤瓶等。

蔡襄是福建人，对于茶事有天然的知识，在他担任福建转运使时，在北苑的贡品茶上很用心，制造的上品龙茶非常精美。

宋仁宗庆历年间，蔡襄参与编修起居注，有机会与宋仁宗更密切地接触。宋仁宗非常赏识蔡襄，这期间，蔡襄也有过很好的谏言。

随后，蔡襄提出自己的母亲年迈，希望皇帝派他到家乡任职。于是蔡襄出任福州知州，后又改任福建路转运使。这次任命有些奇怪，看上去蔡襄是被降格使用，实际上，这是君臣二人的一次默契行动。

据《石林燕语》记载，蔡襄在担任福建转运使的时候，在龙团的基础上，精选茶芽，制造出品质更好的小龙团（又简称小团），这恐怕才是蔡襄回福建任职的真实目的。贡品小龙团引起轰动，宋仁宗认为没有先例，坏了规矩，让大臣弹劾蔡襄。大家大概也明白这是怎么回事，都替蔡襄说情，最后不了了之。小龙团也成为例行的贡品。

皇祐年间，蔡襄又回到京城，继续编修起居注。这一次，他与宋仁宗之间的交流又多了一个新的话题，就是北苑的贡茶。宋仁宗夸赞蔡襄监制的龙茶很好。这中间，关于碾茶、煮水、点茶的种种环节，二人必然都会谈及。这样的交流，密切了君臣之间的关系。宋仁宗对蔡襄恩赐甚厚，赐给他母亲冠帔，又亲自书写了"君谟"二字，派人送到蔡襄府上。不久，蔡襄升为龙图阁直学士，兼任开封知府。这些事实证明，当初宋仁宗要人弹劾蔡襄，确实只是做一做姿态而已。

茶之事到此并没有结束。蔡襄认为，唐代的陆羽在著作中根本就没提到建安的茶，丁谓也只写过北苑茶的采摘与制造，关于煎茶的种种环节，自己有必要仔细梳理一下，也许某一天，皇帝有兴致寓目。于是他提笔写了一篇《茶录》。

《品茶要录》总论　黄儒①

说者常怪陆羽《茶经》不第建安之品，盖前此茶事未甚兴，灵芽真笋，往往委翳消腐，而人不知惜。自国初以来，士大夫沐浴膏泽、咏歌升平之日久矣。夫身世洒落，神观冲淡，惟兹茗饮为可喜。园林亦相与摘英夸异，制棬②鬻新而趋时之好。故殊异之品始得自出于蓁莽之间，而其名遂冠天下。借使陆羽复起，阅其金饼，味其云腴③，当爽然自失矣。因念草木之材，一有负④瑰伟绝特者，未尝不遇时而后兴，况于人乎？然士大夫间为珍藏精试之具，非尚雅好真，未尝辄出。其好事者，又常论其采制之出入、器用之宜否、较试之汤火，图于缣素⑤，传玩于时，独未有补于赏鉴之明尔。盖园民射利，膏油其面色，品味易辨而难评。予因阅收之暇，为原采造之得失，较试之低昂，次为十说，以中其病，题曰《品茶要录》云。

《品茶要录》

【注释】

①黄儒（生卒年不详）：字道辅，建安（福建建瓯）人，宋神宗熙宁六年进士，著有《品茶要录》一卷。

②棬：饮具。

③云腴：茶的别称。

④负：具备。

⑤缣素：细绢。此处指书籍或者书画。

【赏读】

《品茶要录》"皆论建茶"，分为十篇：一采造过时，二白合盗叶，三入杂，四蒸不熟，五过熟，六焦釜，七压黄，八渍膏，九伤焙，十辨壑源、沙溪。前有"总论"，后有"后论"。

《品茶要录》的立意，与其他茶文有明显的不同，细论建茶之采制烹试过程中的不当做法，还有一些人为的混淆手段，列举种种茶病。

这些茶病、这些混淆手段的存在有一个前提，就是宋代茶制品大为丰富，君臣百姓之中，饮茶之风盛行。安逸的生活，炫耀、攀比的风气，导致的第一个结果是新品茶的不断出现。原本埋没于草莽之间，自生自灭的茶品，因为某种因缘际会，突然被人们发现，成为身价百倍的名品，得入贵戚缙绅的碗盏之中。

第二个结果是推高了精品茶的价格，那些品质优异的好茶往往产量极为稀少，供不应求。于是出现人为设计、以次充好的现象。黄儒写作《品茶要录》的目的，就是要根据自己的经验，说明种种错误的做法，揭示那些掺假的手段。

黄儒在《品茶要录》中谈论的都是建茶，他认为精品茶的产出要具备两个条件：第一是采制的时间要早，这样的茶会有早春的轻清之气；第二是产地恰当，能够萃集天地日月的精华。

这样的精品当然少之又少，更可惜的是，它们往往落入俗物之手，要么不善烹试，要么不懂品评，不识妙处，白白糟蹋了好东西。也因此，好茶遇到识主，配有佳泉名器，再有二三趣客，当清风明月，对雨窗晴帘，疏梅在侧，香兽微温，如此境界，最是佳妙。

斗茶记 唐庚①

政和②二年三月壬戌，二三君子相与斗茶于寄傲斋③。予为取龙塘水烹之而第其品，以某为上，某次之。某闽人，其所赍宜尤高，而又次之。然大较④皆精绝。

盖尝以为天下之物有宜得而不得，不宜得而得之者。富贵有力之人，或有所不能致，而贫贱穷厄、流离迁徙之中，或偶然获焉。所谓"尺有所短，寸有所长"，良不虚也。唐相李卫公好饮惠山泉，置驿传送，不远数千里。而近世欧阳少师作《龙茶录序》，称嘉祐七年亲飨明堂，致斋之夕，始以小团分赐二府，人给一饼，不敢碾试，至今藏之。时熙宁元年也。吾闻茶不问团铤，要之⑤贵新；水不问江井，要之贵活。千里致水，真伪固不可知，就令识真，已非活水。自嘉祐七年壬寅至熙宁元年戊申，首尾七年，更阅⑥三朝而赐茶犹在，此岂复有茶也哉！

今吾提瓶走龙塘，无数十步，此水宜茶，昔人以为不减清远峡。而海道趋建安，不数日可至，故每岁新茶不过三月至矣。罪戾之余，上宽不诛，得与诸公从容谈笑于此。汲泉煮茗，取一时之适，虽在田野，孰与烹数千里之泉、浇七年之赐茗也哉？此非吾君之力欤？夫耕凿食息，终日蒙福而不知为之者，直愚民耳，岂吾辈谓耶！是宜有所纪述，以无忘在上者之泽云。

《眉山文集》

【注释】

①唐庚（1071～1121）：字子西，眉州丹棱（今四川丹棱县）人。宋哲宗绍圣年间考中进士，做过宗学博士，后来谪居惠州。著有《眉山文集》，为文精密，通于世务，长于议论，可采者颇多。

②政和：宋徽宗年号。

③寄傲斋：唐庚被贬到惠州时，在居室之南辟有一室，名为寄傲斋，在此读书、品茗、会客。

④大较：大略，大体。

⑤要之：总之，总而言之。

⑥阅：经历。

【赏读】

宋代人喜欢斗茶，留下许多诗文逸事，饶有趣味。《侯鲭录》记载，苏东坡曾经在一个帖子中提到，杭州有一个官妓名叫周韶，手里存有不少好茶奇茶，经常与蔡襄斗茶，总能获胜。后来人们把斗茶之事安到苏东坡身上，写诗道："只今谁是钱塘守，颇解湖中宿画船。晓起斗茶龙井畔，花开陌上载婵娟。"

唐庚生活的年代比蔡襄、苏轼更晚，宋徽宗政和年间，他被贬到惠州，经常与几位朋友聚集到一起，较水斗茶，然后作出这一篇《斗茶记》。

宋代人喜欢斗茶，与斗茶相关的诗词不少，描述过程的文章却不多。仅见的这一篇《斗茶记》，也不记人物的名字、面目，不写茶味、茶色，不写水候、乳花，一笔带过斗茶之事，继而大发感慨。

如果读者想观摩宋代人斗茶的细节，这篇文字会让人失望。揣测文意，这一次斗茶使用的水都是一样的，就是由主人唐庚亲自取来的龙塘水，这种塘水自然不如泉水、江水、雨水。在此基础上，比试各位客人自己带来的茶，当然还有大家点茶、击茶的手段。

唐庚果然是一个长于议论的人，由斗茶想到李德裕的惠泉水，想到欧阳修珍藏的小龙团。运到长安的惠泉水，滋味肯定好不到哪里去。欧阳修的小龙团从宋仁宗时代珍藏到了宋神宗熙宁年间，七年时间过去，茶味全无，而且此时的顶级贡品茶已经是密云龙，当初被视为珍品的小龙团早就过时了。

被贬逐的唐庚身居穷僻之地，用新鲜的龙塘水煎点建安茶，与喝着变味名泉的宰相、掊着陈旧龙团的宠臣相比较，大感满足。

关于茶，关于水，说法千千万万，归结起来其实就是简单的两句话：茶要新，水要活。

点 赵佶①

点茶不一②，而调膏继刻③以汤注之。手重筅④轻，无粟文蟹眼者，谓之"静面点"。盖击拂无力，茶不发立⑤，水乳未浃⑥，又复增汤，色泽不尽，英华沦散，茶无立作矣。有随汤击拂，手筅俱重，立文泛泛，谓之"一发点"。盖用汤已故，指腕不圆，粥面未凝，茶力已尽，云雾虽泛，水脚易生。

妙于此者，量茶受汤，调如融胶。环注盏畔，勿使侵茶。势不欲猛，先须搅动茶膏，渐加击拂，手轻筅重，指绕腕旋，上下透彻，如酵蘖⑦之起面，疏星皎月，灿然而生，则茶之根本立矣。

第二汤自茶面注之，周回一线，急注急止，茶面不动，击拂既力，色泽渐开，珠玑磊落⑧。

三汤多寡如前，击拂渐贵轻匀，周环旋复，表里洞彻⑨，粟文蟹眼，泛结杂起。茶之色，十已得其六七。

四汤尚啬⑩，筅欲转稍⑪，宽而勿速，其真精华彩，既已焕然，轻云渐生。

五汤乃可稍纵，筅欲轻盈而透达，如发立未尽，则击以作之。发立已过，则拂以敛之，结浚霭⑫，结凝雪，茶色尽矣。

六汤以观立作，乳点勃然，则以筅著居，缓绕拂动而已。

七汤以分轻清重浊，相稀稠得中，可欲则止。乳雾汹涌，溢盏而起，周回凝而不动，谓之"咬盏"，宜均其轻清浮合者饮之。《桐君录》曰："茗有饽⑬，饮之宜人。"虽多不为过也。

《大观茶论》

【注释】

①赵佶（1082～1135）：北宋第八位皇帝。北宋灭亡，赵佶被金兵掳走，最终死在五国城，庙号徽宗。赵佶多才艺，书画俱精，编有《宣和画谱》《宣和书谱》，著有《大观茶论》。

②不一：不同，各种各样。

③继刻：随即。

④筅：竹制器，可以用来刷洗器物，宋代点茶的时候，用来搅打茶汤，使茶末与水充分混合。

⑤发立：茶末悬于水中。

⑥浃：融合，混合。

⑦酵蘖：酵母。蘖，植物的芽，这里指生芽的米。

⑧磊落：堆积，错落。

⑨洞彻：透彻。

⑩啬：节俭，少。

⑪稍：小。

⑫浚：深。霭：云雾。浚霭和下文的凝雪，都是比喻茶花的形态。

⑬饽：浓厚的汤花。

【赏读】

宋徽宗赵佶的《大观茶论》一共二十篇，前有序，内容包括地产、天时、采择、蒸压、制造、鉴辨、白茶、罗碾、盏、筅、瓶、杓、水、点、味、香、色、藏焙、品名、外焙等，从中可以观见北宋顶级茶艺的许多细节。

关于点茶，可以参见蔡襄的《茶录》中"点茶"一条。两相比较，赵佶的描述要比蔡襄细致、具体，可操作性更强。

点茶的时候，在向碗盏中加水的同时，要用一只竹筅不停地击拂茶汤。如果手上的动作太轻、太重，或者动作不够圆柔，茶末就不会与水融合得恰到好处，茶汤表面也不会出现足够多的乳花。

赵佶认为，正确的点茶方法应该分七次加汤，第一次很重要，根据茶末的多少加入少量茶汤，要让茶汤顺着盏边流下去，不要直接浇到茶末上，将茶末调成黏糊状。这一步的好坏直接影响后面点茶的效果。

第二次就可以直接把水加到调好的茶末膏上，环回一周，速度要快，竹筅击拂的力度要大。随后第三次加汤，水量与第二次的相同，击拂的动作要均匀有力。到这里，十分的茶色，基本已经出来六七分了。

剩下来就是调整了。所以后面几次加茶汤，量一定要少，击拂的动作也要放慢。第四汤时，竹筅击拂的幅度要小，速度要放缓。如果前面的做法恰当，此时已经是满盏茶花了。第五次加汤比第四次稍多一点，竹筅的动作更通透一些，茶花的形态基本上出来了。

第六汤要有针对性，第七汤要从整体上判断，调整浓淡。至此，一碗乳花弥漫、经久不消的茶水就算点好了。

这一段点茶的文字，完全集中在茶汤的外在形态，反而忽略了饮茶的根本目的。也许，相对于茶水的滋味，宋代人更重视乳花，认为乳花越多，对人越有益，像宋徽宗所说的，"虽多不为过也"。

唐义兴①县重修茶舍记 赵明诚②

右《唐义兴县新修茶舍记》云："义兴贡茶非旧也，前此故御史大夫李栖筠③实典是邦，山僧有献佳茗者，会客尝之，野人④陆羽以为芬香甘辣，冠于他境，可荐于上。栖筠从之，始进万两，此其滥觞也。厥后因⑤之，征献浸广⑥，遂为任土之贡⑦，与常赋之邦侔⑧矣。每岁选匠征夫至二千余人云。"

尝谓后世士大夫，区区以口腹玩好之献为爱君，此与宦官、宫妾之见无异，而其贻患百姓，有不可胜言者。如贡茶，至末事也，而调发之扰犹如此，况其甚者乎！羽盖不足道，呜呼！孰谓栖筠之贤而为此乎？书之可为后来之戒，且以见唐世义兴贡茶自羽与栖筠始也。

《金石录》

【注释】

①义兴：今宜兴。

②赵明诚（1081~1129）：字德父（也写作德甫、德夫），密州诸城（今山东诸城）人，做过江宁知府，著有《金石录》。

③李栖筠：字贞一，做过工部侍郎，因为与元载关系不和，出为常州刺史。

④野人：没有官职、爵位的平民。

⑤因：沿袭。

⑥浸广：慢慢增加。

⑦任土之贡：也称"任土作贡"，根据一地的土地状况，规定贡赋的品种和数量。

⑧侔：相等。

【赏读】

赵明诚的《金石录》著录了古代青铜器铭文和汉唐以来石刻，南宋绍兴年间，赵明诚的妻子李清照把《金石录》的文稿献给朝廷，并为其写了一篇后序。

赵明诚在义兴县发现的这一块唐代石碑，碑文记载了义兴县贡茶的起源。

芬香甘辣的义兴茶，也就是后来明朝人最推崇的岕茶，只是焙制的方法有些差别。唐代宗时期，李栖筠出任常州刺史，阳羡就在他的管辖之下。有僧人献上当地的好茶，李栖筠请陆羽品鉴，陆羽的评价是"芬香甘辣，冠于他境"，并且建议把这种茶作为贡品献给皇上。陆羽在《茶经》中说"浙西以湖州上，常州次"，也与李栖筠的这些茶有关系。

在贡茶的问题上，赵明诚与苏轼的态度是一样的，就是反对增加百姓的负担，取媚于上。

赵明诚、李清照夫妇也都喜欢饮茶，在李清照写的《金石录后序》中，有一段文字回忆二人一起收集整理古物、碑拓的往事，温暖融洽之情在字间洋溢："余性偶强记，每饭罢，坐归来堂烹茶，指堆积书史，言某事在某书某卷第几叶第几行，以中否角胜负，为饮茶先后。中，即举杯大笑，至茶倾覆怀中，反不得饮而起，甘心老是乡矣。"

《宣和北苑贡茶录》后序 熊克①

先人作《茶录》，当贡茶极盛之时，凡有四十余色②。绍兴戊寅③岁，克摄事北苑，阅近所贡皆仍旧，其先后之序亦同。惟跻④龙园胜雪于白茶之上，及无兴国岩小龙、小凤。盖建炎南渡，有旨罢贡三之一而省去也。

先人但著其名号，克今更写⑤其形制，庶览之者无遗恨焉。先是，壬子⑥春，漕司再葺茶政⑦，越十三载，乃复旧额。且用政和故事，补种茶两万株。次年益虔⑧贡职，遂有创增之目。仍改京铤⑨为大龙团，由是大龙多于大凤之数。凡此皆近事，或者犹未知之也。先人又尝作《贡茶歌》十首，读之可想见异时之事，故并取以附于末。三月初吉⑩男克北苑寓舍书。

又

北苑贡茶最盛，然前辈所录，止于庆历⑪以上。自元丰之密云龙、绍圣之瑞雪龙相继挺出⑫，制精于旧，而未有好事者记焉，但见于诗人句中。及大观以来，增创新铐，亦犹用拣芽。盖水芽至宣和⑬始有，故龙园胜雪与白茶角立，岁充首贡。复自御苑玉芽以下，厥名实繁。先子亲见时事，悉能记之，成编具存。今闽中漕台新刊《茶录》，未备，此书庶几补其缺云。

淳熙九年冬十二月四日，朝散郎、行秘书郎兼国史编修官、学士院权直熊克谨记。

《宣和北苑贡茶录》

【注释】

①熊克（生卒年不详）：字子复，建阳（今福建建阳）人，宋孝宗时做过起居郎、直学士，出知台州，著有《中兴小纪》，记载南渡以后宋高宗时期国事。

②色：种类。

③绍兴戊寅：宋高宗绍兴二十八年。

④跻：提升。

⑤写：画出。

⑥壬子：宋高宗绍兴二年。

⑦漕司：北宋时也称转运司，负责收缴和转运贡赋。茸：整理。

⑧虔：端正。

⑨铤：熔铸成条块状的金属，这里指做成条块状的茶。

⑩初吉：农历的初一。又一说，从初一到初八都可称为初吉。

⑪庆历：宋仁宗用过的年号。

⑫元丰：宋神宗年号。绍圣：宋哲宗年号。

⑬宣和：与上句之大观是宋徽宗先后使用的年号。

【赏读】

《宣和北苑贡茶录》的作者是北宋的熊蕃，记载建安茶园、采焙、入贡等事项。熊蕃，字叔茂，治学上以王安石为宗师，诗做得不错。淳熙年间，他的儿子熊克在父亲原作的基础上，增绘三十八幅示意图，刊刻成书。赵汝砺再作《北苑别录》附于其后，以为补充。

熊蕃见过北苑贡茶之事，他的记录只是把贡茶的品类记录下来。熊克在南宋绍兴二十八年开始亲自参与北苑的管理，对于贡茶事务当然比父亲更熟悉。但是，父亲所记录的毕竟是北宋时北苑最繁盛时的茶品。

宋高宗仓皇南渡，安定下来以后，在绍兴二年开始恢复北苑贡茶。作为宋徽宗的儿子，宋高宗的欣赏品位不低，饮茶上当然也不能马虎。值得庆幸的是，宋金之间的战事对福建的影响不算太大，北苑贡茶恢复起来难度也不大。补种了两万棵茶树，重新开始制作品质精良的贡品茶，恢复了大龙团、大凤团。经过二十多年的努力，到熊克管理北苑时，北宋时的顶级贡品茶基本上都能制作出来了。

从宋仁宗开始，除了宋英宗在位的时间太短，来不及讲究，其他几位北宋皇帝在位时，都有属于自己时代的顶级贡品茶。比如宋仁宗时代的小龙团，宋神宗时代的密云龙，宋哲宗时代的瑞云龙。到了宋徽宗时代，先是以白茶为第一，随后又制出三色细芽、贡新銙、试新銙等等。

《宣和北苑贡茶录》记载，当时与白茶并列的是龙园胜雪，由漕臣郑可简创制。茶叶采摘蒸熟之后，仔细剔取芽心，在清泉中浸之，光莹如银丝，称为银丝冰芽。再制成方寸大小的新銙，有一条小龙蜿蜒其上，在此过程中不使用龙脑香，这是与其他贡茶最明显的差别。

北宋时期的其他贡品茶在压制成团的过程中要加入香料。《文昌杂录》中有一则逸事：某一年的五月，宫廷突然额外需要几百斤龙茶。此时已经过了采茶的季节，一位老茶工建议，收买当地所产的小銙，投入热汤中煮开，加入龙脑香水，重新用模具压制成茶饼。这些茶饼被当成新产的贡茶交了上去，结果没有被看出破绽。蔡襄在《茶录》中说过，北宋贡品茶的加工过程中确实要加入龙脑香水，所以老茶工的方法才能蒙混过关。

《北苑别录》 序 赵汝砺①

　　建安之东三十里，有山曰凤凰，其下直②北苑，旁联诸焙，厥③土赤壤，厥茶惟上。太平兴国中，初御焙，岁龙凤，以羞贡筐④，益表⑤珍异。庆历中，漕台⑥益重其事，品数日增，制度⑦日精。厥今茶自北苑上者，独冠天下，非人间所可得也。方其春虫震蛰，千夫雷动，一时之盛，诚为伟观。故建人谓至建安而不诣北苑，与不至者同。仆因摄事⑧，遂得研究其始末。姑摭其大概，条为十余类，目之曰《北苑别录》云。

《北苑别录》

【注释】

　　①赵汝砺（生卒年不详）：宋代皇室宗亲，南宋孝宗时担任福建转运使主管帐司，宋宁宗开禧年间做过建昌郡守。

　　②直：面对，靠近。

　　③厥：其。

　　④羞：进献。筐（fěi）：盛物的竹器。

　　⑤表：显示，彰显。

　　⑥漕台：漕运的主管。

　　⑦制度：制作工艺。

　　⑧摄事：治事，管理。

【赏读】

赵汝砺所著《北苑别录》一卷，是《宣和北苑贡茶录》的补充，"所言水数赢缩、火候淹亟、纲次先后、品味多寡"十分详尽。有御园、开焙、采茶、拣茶、蒸茶、榨茶、研茶、造茶、过黄等条目，又详细列举各个品级贡茶的名目和数量。

建安一带的土壤偏红色，凤凰山附近出产的茶叶品质上乘。从宋太宗时代开始，距离建安三十里的北苑，也就是凤凰山一带，开始制作贡品茶。到了赵汝砺的时代，已经有二百余年的历史，制作的工艺已经非常成熟，贡品茶的制式也不断翻新。

每年春天北苑开始采茶时，场面壮观，成为当地的一道风景。每天有二百余人上山采茶，从这个数量上推测，北苑的贡品茶产量不会太大。茶芽经过挑选，分别制成不同等级的茶团，精华部分供御用。

北苑采茶，对于采茶的时机、采茶的手法都有细致的要求。初春季节，采茶者每天黎明开始进山采茶，等到辰时，太阳升高，晨露消失，这一天的采茶也就结束。这样得到的茶芽肥润饱满，膏腴尽在。一株茶树之上，生长到何种程度的芽叶最适宜摘采，摘采的手法如何，采下的茶芽如何处置，这中间种种的细节都要求采茶者熟知。

此前，熊蕃写有《宣和北苑贡茶录》，宋孝宗淳熙年间，由他的儿子熊克刊刻成书。当时赵汝砺就在福建任职，熟知北苑制茶的种种，于是写了《北苑别录》，附在熊蕃的文后，一起成书。此文为序。

茶约 王恽[1]

伏以欢情渐减，岂任杯酌之娱；老境相宜，正有茶香之供。今策勋茗碗，集胜薰炉。须分旗叶枪芽，选甚鹧斑螺甲[2]。破纸帐梅花[3]之梦，参老夫鼻观[4]之禅。要追陪七碗家风[5]，共消遣一冬月日。勿谓淡中无味，且从静里着忙。老怀自向故人多，此乐莫教儿辈觉。我今首倡，盟[6]可同寻。汤响松风，已减却十分酒病。日拖竹杖，长行携两袖香烟。顾此闻思，咸归欢乐。谨约。

《秋涧集》

【注释】

①王恽（生卒年不详）：字仲谋，汲县（今河南卫辉市）人，元世祖时代做过翰林学士，著有《秋涧集》，其中文章可见其政治才干，诗文笔力坚浑。

②鹧斑：又称"鹧鸪斑"，宋代福建制造的一种茶盏，花纹如同鹧鸪斑点。螺甲：一种香料。

③纸帐梅花：南宋的林洪在《山家清供》一书中有一条"梅花纸帐"，床的四周树立四根黑漆柱，上面挂锡瓶，瓶中插梅花，床上用细白纸做成床帐。

④鼻观：佛教的观想法。

⑤追陪：追随。七碗家风：唐代诗人卢仝写有一首《走笔谢孟

谏议寄新茶》，其中有"七碗吃不得也，唯觉两腋习习清风生"一句。

⑥盟：盟友。

【赏读】

人入老境，欢乐渐少。性烈之酒只能敬而远之，能够拿来怡情消闲的，只剩下一盏清茶。

只是一个人闲坐品茶，闷而孤独，最好邀集三五知己，成立一个茶社，经常聚坐一起，听汤响松风，观旗叶枪芽，洗器涤盏，分享茗香，以一瓢消磨半日。于是就有了王恽的这一份《茶约》。"老怀自向故人多，此乐莫教儿辈觉"，他们要一起寻找属于他们的一点快乐。

老年的王恽笔墨简约精到，可惜这只是一个倡议，笼统一说，缺少更具体的约定，只能算是举手一呼。接下来，响应者还要在一起议定更具体的规章。从这个意义上说，这份《茶约》做得还不够。

《煮茶图》序 袁桷①

《煮茶图》一卷，仿石窗史处州燕居故事所作也②。石窗讳文卿，字景贤，外高祖忠定王曾孙，仪观清朗，超然绮纨③之习，聚四方奇石，筑堂曰"山泽居"，而自号曰"石窗山樵"。此图左列图卷，比束如玉笋，锦绣间错。旁有一童，出囊琴，拂尘以俟命。右横重屏，石窗手执乌丝栏书展玩，疑有所构思。屏后一几，设茶器数十。一童伛背运碾，绿尘满巾。一童篝火候汤，蹙唇望鼎口，若惧主人将索者。如意麈尾，巾壶砚纸，皆纤悉整具。羽衣乌巾，玉色绚起，望之真飞仙人。予意永和诸贤④，放浪泉石，当不过是。而其泊然宦意⑤，翰墨清洒，诚足以方驾⑥而无愧。甲午冬十月，其孙公畴出以相示，因记而赋之，以发千古之远想云。

《清容居士集》

【注释】

①袁桷（1266～1327）：字伯长，号清容居士，晚年又号见一居士，鄞县（今浙江宁波）人，文学家，书法家，著有《清容居士集》。

②石窗史：史文卿，字景贤，自号石窗山樵。燕居：闲居。

③绮纨：富贵子弟。

④永和诸贤：晋穆帝永和年间，王羲之、谢安等名士，宴集兰亭。

⑤泊然宦意：无意于仕途。泊然，淡泊。

⑥方驾：比肩，并列。

【赏读】

一个名叫史公畴的人拿一幅画来给袁桷看，画的是史公畴的祖父史文卿，南宋的一位富家子弟。

袁桷为这幅宋画写了一首诗，其中有"平生嗜茗茗有癖，古井汲泉和石髓。风回翠碾落晴花，汤响云铛蓥珠蕊。齿寒意冷复三咽，万事无言归坎止"等句，吟咏史文卿对茶的喜爱。

诗前有一篇诗序，描述宋画的内容。画中一共四个人物，主人是史文卿，平时收集奇石古玩，听琴品茶，此时正在读书。斋中的三个童子，一个在搬琴，另外两个在重屏后面为主人准备茶水：一个碾茶，一个煮水。两个烹茶的童子做得十分小心，神情忐忑。宋代烹茶的过程十分复杂，茶碾要清洁干净，不然会杂入异味。茶末要碾得够细，茶汤要煮得不老不嫩，这些环节都不出问题的话，接下来还有复杂的点茶。

或许，因为史文卿是一个讲究的人，对于碾茶、煮茶要求严格，才使得画中童子表情如此紧张，但是，史文卿又是一个"泊然宦意，翰墨清洒"的人，想来无论端过来的一碗香茶是否如意，他应该都不会介意的。

品茶 朱权①

　　于谷雨前，采一枪一旗者制之为末，无得②膏为饼，杂以诸香，失其自然之性，夺其真味。大抵味清甘而香，久而回味，能爽神者为上。独山东蒙山石藓茶，味入仙品，不入凡卉。虽世固不可无茶，然茶性凉，有疾者不宜多饮。

《茶谱》

【注释】

　　①朱权（1378～1448）：明太祖朱元璋的第十七子，被封为宁王，死后谥号献，世称宁献王。朱权有文采，自号涵虚子、臞仙，有《汉唐秘史》《茶谱》等著作。

　　②无得：不许，不可以。

【赏读】

　　《茶谱》一卷，又名《臞仙茶谱》，包括序文、品茶、收茶、点茶、熏香茶法、茶炉、茶灶、茶磨、茶碾、茶罗、茶架、茶匙、茶筅、茶瓯、茶瓶、煎汤法、品水等条目。

　　作者朱权是朱元璋的儿子，被封为宁王，封地在大宁。大宁的军队实力不俗，所以燕王朱棣起兵之后，设计挟持了朱权，使他为己所用。后来朱棣登基，不放心再让朱权回到大宁，永乐元年改封朱权到南昌。因为有传言说朱权谋反，朱权为了避嫌，给自己建造了一处精舍，题为"神隐"，自号臞仙，又写了一本《神隐志》，以明志避祸。林下的隐居生活当然要有茶，汲清泉，烹活火，消磨富贵岁月。饮茶之外，朱权又写了一本《茶谱》，新意不多，带着一点王爷的傲气，可以帮助我们约略了解明初茶事的概貌。

朱权把山东蒙山所产的"茶"称为"石藓茶"，认为它可入仙品，其实它并不是真正意义上的茶。张岱在《夜航船》中有一则"蒙山茶"，一指蜀中蒙山顶之茶，数量稀少，属于茶中精品。另一种就是山东青州蒙阴山石头上的一种地衣，也就是苔藓，"味苦而性寒，亦不易得"。《五杂俎》中的说法也大致相同，认为蒙阴山中的苔藓并不是真正意义上的茶，但有治疗功效，"然蒙阴茶性亦冷，可治胃热之病"。

煎茶七类　徐渭[①]

一、　人品

煎茶虽微清小雅，然要须其人与茶品相得，故其法每传于高流大隐、云霞泉石之辈，鱼虾麋鹿之俦[②]。

二、　品泉

山水为上，江水次之，井水又次之。井贵汲多，又贵旋汲。汲多水活，味倍清新；汲久贮陈，味减鲜冽。

三、　烹点

烹用活火，候汤眼鳞鳞起，沫浡鼓泛，投茗器中。初入汤少许，俟汤茗相浃，却复满注。顷间，云脚渐开，乳花浮面，味奏，奏全功矣。盖古茶用碾屑团饼，味则易出；今叶茶是尚，骤则味亏，过熟则味昏底滞。

四、　尝茶

先涤漱，既乃徐啜，甘津潮舌，孤清自紫。设杂以他果，香味俱夺。

五　茶宜

凉台静室，明窗曲几，僧寮道院，松风竹月；晏坐^③行吟，清谈把卷。

六　茶侣

翰卿^④墨客，缁流羽士^⑤，逸老散人^⑥，或轩冕之徒^⑦超然世味者。

七　茶勋

除烦雪滞，涤醒^⑧破睡，谈渴书倦，此际策勋，不减凌烟^⑨。

《徐渭集》

【注释】

①徐渭（1521～1593）：字文清，改字文长，号青藤道士、天池山人等，山阴（今浙江绍兴）人，天才超逸，诗文出众，善草书，工写花草竹石。

②俦：同辈，伴侣。

③晏坐：闲坐。

④翰卿：文学之士。翰，笔，文书。

⑤缁流：僧尼等佛门人士。羽士：道士。

⑥散人：闲散、逍遥之人。

⑦轩冕之徒：做官的人。

⑧醒：酒醉。

⑨凌烟：功劳卓著。《旧唐书》记载，贞观十七年正月，唐太

宗下令，把长孙无忌等二十四位功臣的画像供奉在凌烟阁中。

【赏读】

徐渭是一个奇人，书画诗文俱精，志向远大，需要的时候，也敢于对自己下狠手。如此人物，就算嗜茶，也不会用太多的笔墨来表达——也许对他而言，茶味太温吞了，烈酒才算恰当。

关于茶、关于水、关于点茶，徐渭的说法没有新意，尤其是关于点茶，在流行叶茶的时代他还在讲云脚、乳花，有些莫名其妙。

徐渭关于尝茶、茶侣和饮茶环境的说法，颇有道理。一杯香茶在手，先含一小口在嘴中，让茶水与舌头充分接触，品咂其中韵味，然后再慢慢啜饮。当然，在茶水进口之前，还少不得要嗅一嗅茶香。同样的过程，袁枚用到了一个"体贴"，说"徐徐咀嚼而体贴之"，两段文字放在一起对照，挺有意思。

徐渭不赞成在品茶的同时食用干鲜杂果，认为会破坏茶之甘香，真正的喝茶者，其实都是这样的看法。

饮啜 许次纾①

一壶之茶，只堪再巡。初巡鲜美，再则甘醇，三巡意欲尽矣。余尝与冯开之②戏论茶候，以初巡为停停③袅袅十三余，再巡为碧玉破瓜④年，三巡以来，绿叶成阴⑤矣。开之大以为然。所以茶注欲小，小则再巡已终，宁使余芬剩馥，尚留叶中，犹堪饭后供啜漱之用，未遂弃之可也。若巨器屡巡，满中⑥泻饮，待停少温，或求浓苦，何异农匠作劳，但需涓滴⑦，何论品尝，何知风味乎！

《茶疏》

【注释】

①许次纾（1549～1604）：字然明，号南华，钱塘人。跛而能文，喜欢蓄奇石，好客，好品泉，又得到吴兴的姚叔度的指点，精晓茶理，存世有《茶疏》一卷，深得茗柯至理。

②冯开之：冯梦祯，字开之，秀水人，万历年间进士，官至国子监祭酒，著有《快雪堂漫录》《历代贡举志》。许次纾在东园经常与冯梦祯来往。

③停停：亭亭，形容少女身姿高耸。

④破瓜："瓜"字可分解出两个"八"字，指女子的二八之年，也就是十六岁。

⑤绿叶成阴：生育子女的女性。

⑥满中：充满。

⑦涓滴：极少量的水，解渴的水。

【赏读】

《茶疏》一共三十余则，内容是关于茶的采摘、收贮、烹点等方法，但《四库全书总目》批评其中的某些内容"考证殊为疏舛"。

拿茶与女子做比较，并不新鲜，像苏轼在《次韵曹辅寄壑源试焙新芽》一诗中就说过"从来佳茗似佳人"。苏轼喝的是团茶、饼茶，外面涂有一层油膏。宋代的一些制茶者为了掩饰团茶质量的低劣，会在表层的油膏上下功夫，这一点与女子涂脂抹粉相似，苏轼的这一名句因此而来，却经常被人误解。

许次纾却是拿女子的不同年龄段来比较茶的滋味——清新的少女如一泡之茶，新鲜美好，略带青涩；二八妙龄的女子如同二泡之茶，浓甘醇美；成熟的少妇则像三泡之茶，韵味渐少。

减少这种遗憾的一个办法是，泡茶时尽量使用小一点的茶壶，可以让茶味更长久一些。问题在于茶量的多少，如果茶量相同，只是把大壶换成小壶，一泡、二泡恐怕就会过于浓酽。就像给少女化浓妆，反而有失恰当。至于巨器屡巡、满中泻饮、但求浓苦等喝茶的方式，更是粗人的方式。《红楼梦》中，贾宝玉要用大盏喝茶，妙玉笑他："你虽吃的了，也没这些茶糟踏。岂不闻'一杯为品，二杯即是解渴的蠢物，三杯便是饮牛饮骡了'。你吃这一海便成什么？"妙玉的说法，与许次纾近似。

和许次纾一起品茶的冯梦祯，也很懂茶，喝过不少好茶，他在自己的《快雪堂漫录》中就曾经如此品评各种名茶："虎丘，其茶中王种耶？芥茶，精者庶几妃后。天池、龙井便为臣种，其余则民种矣。"

论客 许次纾

　　宾朋杂沓，止堪交错觥筹；乍会泛交，仅须常品酬酢^①。惟素心同调^②，彼此畅适，清言雄辩，脱略^③形骸，始可呼童篝火，汲水点汤。量客多少，为役之烦简。三人以下，止爇一炉，如五六人，便当两鼎，炉用一童，汤方调适。若还兼作，恐有参差。客若众多，姑且罢火，不妨中茶投果，出自内局^④。

　　　　　　　　　　　　　　　　　　　　　　　《茶疏》

【注释】

　　①酬酢：敬酒，应酬。

　　②素心：心地纯净。同调：志趣相同。

　　③脱略：放任，无拘无束。

　　④内局：供奉、制作皇家用品的机构。

【赏读】

　　许次纾的待客之道，说起来就是一句话："区别对待。"平常的朋友，用平常的茶果款待。如果来的客人多而且成分复杂，就请大家喝酒，既显热诚，又可以混淆俗恶，让人勉强可以忍受过去。只有趣味相投的朋友来了，才值得拿出好茶，精心烹点，坐下来把盏长谈。

许次纾最突出的特点就是喜欢交朋友，而且出手阔绰。《东城杂记》中说，许次纾好客，但不善饮酒，家里宴请客人通宵达旦。他的生活因此常常陷入困窘之中，只好四处奔走求食。不清楚他到外地是如何筹到钱的，反正每一次基本上不会空手而回。问题是，回到杭州之后，这些钱很快就被他挥霍一空。

由这样一个人来谈论待客之道，是很有意思的一件事。

《茶董》题词 董其昌①

荀子曰："其为人也多暇，其出入也不远矣②。"陶通明③曰："不为无益之事，何以悦有涯之生?"余谓茗碗之事，足当之。盖幽人高士，蝉蜕④势利，借以耗壮心而送日月。水源之轻重，辨若淄渑⑤；火候之文武，调若丹鼎。非枕漱⑥之侣不亲，非文字之饮不比⑦者也。当今此事，惟许夏茂卿⑧，拈出顾渚、阳羡，肉食者往焉，茂卿亦安能禁?壹似⑨强笑不乐，强颜无欢，茶韵故自胜耳。予夙秉幽尚，入山十年，差可不愧茂卿语。今者驱车入闽，念凤团龙饼，延津⑩为瀹，岂必土思⑪如廉颇思用赵?惟是绝交，书所谓心不耐烦而官事鞅掌⑫者，竟有负茶灶耳。茂卿犹能以同味谅吾耶?

《茶董》

【注释】

①董其昌（1555～1636）：字玄宰，号思白、思翁、香光居士，谥文敏，松江华亭（今上海松江区）人，明朝万历年间进士，明熹宗时做过礼部侍郎、南京礼部尚书。董其昌天才俊逸，精于书画，是明代书画大家，有《画禅室随笔》等著作，可为"艺事指南之助"。

②"其为人也多暇"两句：《荀子》原文为："其为人也多暇日者，其出入不远矣。"多暇，怠惰。

③陶通明：就是陶弘景，字通明，号华阳隐居。南北朝时期南朝人，道士，精通医学、棋术，有哲学和文学成就。

④蝉蜕：摆脱，超越。

⑤淄渑：淄水和渑水的味道不同，混合到一起，很难区分。

⑥枕漱：古人用"漱石枕流"来形容隐居生活。

⑦比：接近，亲近，参加。

⑧夏茂卿：夏树芳，字茂卿，江阴人，明万历年间举人，著有《茶董》。

⑨壹似：一似，很像。

⑩延津：别后重逢之地。

⑪土思：怀念故乡。

⑫鞅掌：事务繁忙的样子。

【赏读】

两卷本《茶董》，作者是晚明举人夏树芳，"杂录南北朝至宋金茶事"，汇集与茶相关的诗句、故实，不谈采造、煎试。命名为《茶董》，取董狐史笔之意。虽然《茶董》只是一部泛泛之作，却能请来董其昌、陈继儒等一时名士来品题，显见作者交际之广。

无论从哪一个角度来讲，董其昌都算不上一个隐士。明光宗做皇太子的时候，董其昌给他做过讲官，如果不是明光宗短命，董其昌肯定不会只做到礼部尚书。

董其昌认为夏树芳是难得的幽隐高士，漱石枕流，不接俗流。这方面最明显的标志是精于品茶，长于鉴水，候汤点茶。董其昌与夏树芳之间的文茶之会必定不少，只是董其昌人在宦海，奔波仕途，这样的交往难以持久。

茶有益，拿茶来消磨人生，愉悦情怀，最是恰当。

《茶董》 小序[①] 陈继儒[②]

　　范希文[③]云："万象森罗中，安知无茶星。"余以茶星名馆[④]，每与客茗战，自谓独饮得茶神，两三人得茶趣，七八人乃施茶耳。新泉活火，老坡[⑤]窥见此中三昧，然云出磨则屑饼作团矣。黄鲁直去芎用盐，去橘用姜，转于点茶全无交涉[⑥]。今旗枪标格[⑦]，天然色香映发，岕为冠，他山辅之，恨苏黄不及见，若陆季疵复生，忍作《毁茶论》乎？

　　江阴夏茂卿叙酒，其言甚豪。予笑曰："觞政不纲[⑧]，曲爵分诉，呵詈监史[⑨]，倒置章程[⑩]，击斗覆觚[⑪]，几于腐胁[⑫]。何如隐囊纱帽[⑬]，翛然林涧之间，摘露芽，煮云腴，一洗百年尘土胃耶？醉乡网禁疏阔，豪士升堂，酒肉伧父亦往往拥盾排闼而入。茶则反是。周有酒诰[⑭]，汉三人聚饮，罚金有律。五代东都有曲[⑮]禁，犯者族。而于茶，独无后言。吾朝九大塞著为令，铢两茶不得出关，恐滥觞于胡奴耳。盖茶有不辱之节如此。热肠如沸，茶不胜酒；幽韵如云，酒不胜茶。酒类侠，茶类隐，酒固道广，茶亦德素。茂卿，茶之董狐[⑯]也，试以我言平章[⑰]之，孰胜？"茂卿曰："诺。"于是退而作《茶董》。

《陈眉公文集》

【注释】

　　①除了这一篇小序，陈继儒还写过一本《茶董补》。

②陈继儒（1558～1639）：字仲醇，号眉公、麋公，松江华亭（今上海松江区）人。陈继儒工诗能文，兼能绘事，一时名气与董其昌相当，二十九岁开始隐居著述，有文集传世。

③范希文：范仲淹，字希文。

④名馆：命名斋堂。

⑤老坡：苏东坡。

⑥交涉：涉及，交待。

⑦标格：楷模，规范。

⑧觞政：酒令，也指酒宴。不纲：不严肃。

⑨呵詈监史：斥骂、责怪酒宴上的监令官。前后几句，描述酒宴上的混乱。

⑩章程：酒令的规矩。

⑪击斗覆觚：斗、觚都是酒具。

⑫腐胁：纵酒过度而使身体腐烂。

⑬隐囊：可以倚靠的软垫。纱帽：夏天的一种帽子。唐代诗人王维有"隐囊纱帽坐弹棋"之句。

⑭诰：告诫之文。

⑮曲：酒曲。

⑯董狐：春秋时晋国史官，秉笔直书，又称史狐。

⑰平章：品评。

【赏读】

陈继儒是一个隐士，一个名气很大的隐士，身隐心不隐。隐士远离尘世，在林泉竹石之间逍遥，与自然亲近，平日里汲泉烹茗，比别人更便利一些。也因此，隐士们和僧人、道士一样，大多嗜茶。隐于市中的隐士，与自然亲近的媒介当然更是非茶莫属了。和许多文人一样，陈继儒嗜茶，他以茶星之名为自己的斋堂命名，其实是有一点自诩的味道。陈继儒最推崇罗岕，认为是茶中之冠，又惋惜陆羽、苏轼、黄庭坚没有见识过罗岕的妙处。

关于饮茶，陈继儒说，"独饮得茶神，两三人得茶趣，七八人乃施茶耳"，道出了许多人的看法。

这篇小序文思踊跃，带着一点游戏的味道，最有趣的地方，是关于茶和酒的比较。酒如侠士，茶如隐士，酒之道广，茶之德高。酒能坏事，乱人心性，饮酒的场合固然人多热闹，却也容易在酒客中间引起争端和是非。相比之下，茶要温和、内敛得多。

夏树芳的《茶董》乏善可陈，大概陈继儒也感觉到了这一点，写过这篇序文，意犹未尽，自己提笔又写了一本《茶董补》，可惜境界相当。他称赞夏树芳为"茶之董狐"，在为另一位隐士张源的《茶录》所写的跋中，陈继儒也称张源"为茶中董狐可也"，看来都是应酬性的文字，不必当真。

口鼻互牵^①　李日华^②

赏名花不宜更度曲^③，烹精茗不必更焚香，恐耳目口鼻互牵，不得全领其妙也。

精茶不惟不宜泼饭，更不宜沃^④醉。以醉则燥渴，将灭裂吾上味耳。精茶岂止当为俗客吝？倘是日汩汩^⑤尘务，无好意绪，即烹就，宁俟冷以灌兰蕙，断不以俗肠污吾茗君也。

《紫桃轩杂缀》

【注释】

①标题为编者拟。

②李日华（1565～1635）：字实甫，号竹懒，又号九疑、同卿，室名味水轩、恬致堂，浙江嘉兴人，万历年间进士，官至太仆寺少卿。李日华性格恬淡和易，精于书画与收藏品鉴。有《恬致堂集》《六研斋笔记》等著作存世。

③度曲：唱曲。

④沃：浇，洗，饮。

⑤汩汩：水流动的样子，这里形容事务繁多。

【赏读】

《渔隐丛话》中说，唐朝人认为对花啜茶是"杀风景"。晏殊曾经用惠山泉水冲泡日铸茶，把酒花前，赋诗一首："稽山新茗绿如烟，静挈都蓝煮惠泉。未向人间杀风景，更持醪醑醉花前。"

显然，一般的观点认为，对花饮茶是不相宜的。李日华在此文中也有类似的观点。李日华强调感知的纯粹，因此认为赏花的时候不适合听曲、唱曲，品茶的同时不适合焚香，不应该拿好茶来泡饭，来解酒。

有两位嗜茶者恰好把李日华所禁忌的事都做了，此二人就是后来的冒襄与董小宛，他们的做法，处处与李日华的标准相悖。冒襄和董小宛喝的是岕片，焚的是黄熟香，二人相对静坐，"文火细烟，小鼎长泉"，感觉"茶香双妙，更入精微"，"碧沉香泛，真如木兰沾露，瑶草临波，备极卢、陆之致"。

制茶 李日华

唐时顾渚山有明月峡金沙泉，出紫笋茶。毗陵、吴兴①二太守就泉上造茶，大张宴会。泉不常出，太守具仪致祭，始流溢。造供御②者毕，即微减；供堂③者毕，又大减；太守旋旆④，涸矣。或淹期⑤多造，则有风雷毒蛇之变。白乐天《闻贾常州、崔湖州茶山宴会》诗云："遥闻境会茶山夜，珠翠歌钟俱绕身。盘上中分两州界，灯前今作一家春。青娥对舞应争妙，紫笋齐尝各斗新。自笑花时客窗下，蒲黄酒对病眠人。"

按陆鸿渐《茶经》，造茶之法：摘芽，择其精者，水漂之，团揉入竹圈中，就火烘之成饼。临烹点，则入臼研末，泼以蟹眼沸汤。至宋，蔡君谟以其法造建溪之茶而加精焉。胡元挏马潼茶无所闻⑥。入昭代⑦，唯贵叶茶，饼制遂绝。洪武中，顾渚贡额止五十余斤耳。余友王毗翁摄霍山⑧令，亲治茗，修贡事，因著《六茶纪事》一编，每事咏一绝。余最爱其《焙茶》一绝，云："露蕊纤纤才吐碧，即防叶老采须忙。家家篝火山窗下，每到春来一县香。"

《六研斋笔记》

【注释】

①毗陵、吴兴：毗陵是现在江苏的常州，吴兴在今浙江湖州境

内，二地相邻，造茶时共用金沙泉。

②供御：贡献给帝王。

③供堂：供给官府。

④旋旆（pèi）：也作"回旆"，回师。

⑤淹期：拖延，超期。

⑥胡元：对元代的贬称。挏马：汉代官名，又指用马乳制酒。

⑦昭代：政治开明的朝代，这里指明代。

⑧霍山：霍山县，在安徽省西部。

【赏读】

李日华是一个进士，但出外做官的时间很少，一生中的大部分时间都留在家乡，著书作画，鉴别古董，品题书画。这样的生活大有趣味，相比之下，肮脏的官场对他实在没有多少吸引力。

李日华懂茶，是一个很好的品鉴者，这从他的一首《焙茶》中就能读出："槐燧嘘新焰，芳芽摘露鲜。色教从柳碧，香莫近花嫣。岚润消容易，雪腴保贵全。火齐有心得，逸老不轻传。"

唐代制茶，采摘茶芽之后，先要用清泉漂洗，将其揉进竹制的模具之中，拿到火前烘干，成为茶饼。

常州与湖州相邻，两地都产茶，两州交界处有一处金沙泉，每年春天造茶季节，这里成为共用的清泉。白居易想象春天里两地官家在一起造茶的盛况，写诗赞道："青娥对舞应争妙，紫笋齐尝各斗新。"紫笋茶与明代著名的岕茶产于同一地区，李日华很喜欢。明代放弃茶饼，改尚叶茶，实际上贡茶的品种更为丰富，来源更广，各地承担的贡茶的数额自然减少一些。饮茶风尚一改变，春天里采茶、造茶的景象自然不同，忙碌却是一样的："家家篝火山窗下，每到春来一县香。"

无色之茶[①]　李日华

　　茶以芳冽[②]洗神，非读书谈道，不宜亵用。然非真正契道之士，茶之韵味亦未易评量。余尝笑时流持论，贵嘶声之曲、无色之茶。嘶近于哑，古之绕梁、遏云竟成钝置[③]。茶若无色，芳冽必减。且芳与鼻触，冽以舌受。色之有无，目之所审，根境不相摄[④]而取衷于彼，何其谬耶！

《六研斋笔记》

【注释】

　　①标题为编者拟。

　　②冽：清澈、寒冷。

　　③绕梁、遏云：都用来形容声音美妙。钝置：折磨。

　　④根境不相摄：各自属于不同的范畴。

【赏读】

　　茶汤清亮、色淡，可称无色，最被推崇。李日华对此却不以为然。茶色属于视觉范畴，茶味属于嗅觉和味觉的范畴，各不相干。所以李日华认为，由视觉效果来判断茶质的好坏，颇为荒诞。

　　在这个问题上，李日华似乎有些矛盾，他在《紫桃轩杂缀》中提到：普陀山一位老僧人曾经送给他少量的小白岩茶，十分珍贵，

"叶有白茸，瀹之无色，徐引觉凉透心脾"，李日华的语气当中，透着对这种茶汤清澈无色的小白岩茶的赞许。

人们比较几种茶的优劣时，首先要依据它们的外形与颜色来评判高低，这样更容易操作。而微妙的、难以言说的茶气、茶味，反而不容易进行评点。所以宋代人斗茶的时候，把茶汤的外在形式当作评点的重要内容，比较乳花，比较水痕，比较茶汤的颜色，都是可以直接看到的，道理就在于此。

日记二则^① 李日华

二十七日，惠山载水人回，得新泉二十余瓮。前五日，昭庆云山老僧寄余火前新芽一瓶^②，至是开试，色香味俱绝。

三十日，购得古端大砚，长一尺二寸，阔六寸五分，高三寸，平面枵^③背，作覆洞形。墨池陂陁^④渐陡，右角二活眼^⑤，为云绕月状，中峙一犀回顾^⑥，制极雅朴。周遭墨秀朱斑，光采艳发。以方于鲁^⑦第一煤试之，三四动腕，而浓沉瀋然^⑧矣。偶阳羡人以精岕四十铢^⑨见归，急煅^⑩泉泼茗，且摩挲砚石而咽之，不觉微疴脱去，大叫奇绝而罢。

《味水轩日记》

【注释】

①标题为编者拟。

②昭庆：昭庆寺，在杭州。云山：僧人，李日华在《六研斋笔记》中提到云山曾经给他做过笋羹，味道鲜美。

③枵（xiāo）：空虚。

④陂陁（tuó）：倾斜。

⑤活眼：端砚上圆形的斑点。

⑥峙：耸立。犀：犀牛。

⑦方于鲁：明代人，以制墨闻名。

⑧浓沉瀚然：浓郁弥漫。

⑨铢：古代重量单位，一般以二十铢为一两。

⑩煅：烧煮。

【赏读】

两则日记写于明朝万历三十七年三月，在此前的几天，李日华偶感寒疾，一直没好。

五年之前，李日华母亲去世，他辞去县令一职。料理完母亲的后事，他又请求留在家乡，奉养老父，因此一直留在嘉兴。

三月里正是早茶上市的季节。五天之前，杭州昭庆寺的僧人云山给李日华寄来一瓶火前茶，应该就是龙井，李日华一直放着没动。二十七日这一天，去无锡取水的船回来，属于李日华的惠泉水一共有二十多瓮。直到这时，李日华方才打开那一瓶新茶，用惠泉水点试，果然色香味俱佳。

惠山泉运到的第三天，李日华又喝茶了，这一次喝的是精品的岕茶。当然也是别人馈送的，只送了四十铢，不到二两，比云山老僧送的那一瓶火前茶还少。从这个分量来看，应该是这一年最早的岕茶，用的水应该也是惠泉水。李日华喝岕茶，有一个缘由，当天他刚刚得到一方古端砚，制式好，品质佳，算得上一件宝物。于是赶快烹点好茶，一边摩挲宝砚，一边品尝奇茗佳泉，高兴痛快，十几天的病也一下子好了，于是大呼奇绝。

应景的一盏香茶，可以祛病，更可以激发灵感、陶冶文字，如李日华在一首《煮茶》诗中所写："古涧煮明月，夜窗松雨繁。响先清渴梦，香亦籁吟魂。风定烟仍碧，铫深浪暗翻。非徒漱文字，濯濯露灵根。"

言志 张大复①

　　净煮雨水，泼虎丘、庙后之佳者，连啜数瓯。坐重楼，上望西山爽气，窗外玉兰树，初舒嫩绿，照日通明，时浮黄晕。烧笋午食，抛卷暂卧，便与王摩诘②、苏子瞻对面纵谈。流莺破梦，野香乱飞，有无不定。杖策散步，清月印水，陇麦翻浪。手指如冰，不妨敝裘著罗衫外，敬问天公肯与方便否？

《梅花草堂笔谈》

【注释】

　　①张大复（？～1630）：字元长，号病居士，苏州昆山人。《梅花草堂笔谈》是他在失明之后所作，追忆旧事、同社酬答、乡居琐事尽呈笔底，是明小品笔记的典型之作，但《四库全书总目》称其"辞意纤佻，无关考证"。

　　②王摩诘：唐代诗人王维。

【赏读】

　　父亲去世，张大复哀哭过度，以至于失明。这一段文字表达他的心愿，这样的心愿于他而言，既朴素，又奢华。

　　心愿当中首先就是好茶好水，要虎丘茶，要庙后茶，烹煮雨水冲泡。对张大复而言，这个心愿不难实现。坐重楼，食新笋，嗅玉兰花香，午后闲卧，与先贤神交，这些也都不难。

只是，以张大复此时的视力，是否还能读书，是否还能眺望西山爽气、夕阳远景，是否还能俯视清月印水、陇麦翻浪，是否还能策杖远行，都是疑问。所以张大复要请求天公给他方便。

煎茶　张大复

　　童子鼻鼾，故与茶声相宜。水沸声喧，致有松风之叹。梦眼特张，沫溅灰怒，亦是煎茶蹭蹬[1]。舟中书。

《梅花草堂笔谈》

【注释】

　　①蹭蹬：道路难行，困顿，不顺。

【赏读】

　　画面感很强的一段文字。

　　张大复这样的嗜茶者，即便在旅途中也不忘煮一盏好茶。舟行水上，煎茶的童子守着水瓶，垂头只顾酣睡。

　　爱茶者经常用"松风"来比拟煎水时的声响，比如苏轼有"蟹眼已过鱼眼生，飕飕欲作松风声""雪乳已翻煎处脚，松风忽作泻时声""响松风于蟹眼，浮雪花于兔毫"等句，同样嗜茶的黄庭坚也有"只轮慢碾，玉尘光莹，汤响松风，早减了二分酒病""兔褐金丝宝碗，松风蟹眼新汤"等句。

　　张大复听到的松风有一点特别，水沸的声响与童子的鼾声混和一处。煎水者睡着了，沸水喷溅出来，与炭火相激，炭灰冲腾而起。

　　不用问，这一壶水是煎老了，接下来的一壶茶，味道肯定不如意。人在途中，许多事讲究不得了。

乞梅茶帖 张大复

　　《乞梅茶帖》，顾僧孺与某往来绝笔也。帖在正月五日。十三日，某从娄东归，则僧孺死一日矣。其帖云："病寒发热，思嗅腊梅花，意甚切，敢移之高斋。更得秋茗，啜之尤佳。此二事兄必许我，不令寂寞也。雨雪不止，将无上元后把臂耶①？"此帖字画遒劲，不类病时作。人生奄忽如此，何以堪之！往与孺和相酬答，不下万纸，后无存者，使人神伤。朋友手泽②，亦何与人事③？要可发一时之相忆云尔。

《梅花草堂笔谈》

【注释】

　　①上元：正月十五。把臂：好友聚会。

　　②手泽：手迹，字画文稿。

　　③人事：人世间事。

【赏读】

　　朋友之间互相乞索物事，本是寻常之举，口头相告或者简便帖函，各随方便。这一类好朋友之间的往来文字，往往自然生动，见性见情。如果这些文字又是一个人的绝笔，当然更显珍贵。

　　顾僧孺是张大复的好朋友，二人平时往来频密。顾僧孺曾经提出到郊外游赏，张大复认为，游赏总不如在自家的庭院之中，随时适意，不必看天色，不必急忙赶路。

某年春节，顾僧孺感冒，想喝秋茶，想嗅一嗅这个季节开放的腊梅。这两样东西张大复的手里都有，于是顾僧孺病中提笔，写出自己的心愿，派人送给张大复。顾僧孺找对了人，可惜时机不当，此时张大复正好外出访客，顾僧孺死后次日，张大复方才回来。

人之将死，想腊梅、想秋茶，都不是俗物，都算得上人世间的好东西。张大复有能力满足好朋友最后的一点心愿，但好友终于抱恨而终，这让张大复耿耿于怀，对书伤感。

茶品 文震亨①

　　古人论茶事者，无虑②数十家，若鸿渐之《经》、君谟之《录》，可谓尽善，然其时法用熟碾为丸、为挺，故所称有"龙凤团""小龙团""密云龙""瑞云翔龙"，至宣和间，始以茶色白者为贵。漕臣郑可简始创为"银丝冰芽"，以茶剔叶取心，清泉渍之，去龙脑诸香，惟新胯小龙蜿蜒其上，称"龙团胜雪"。当时以为不更之法，而我朝所尚又不同，其烹试之法亦与前人异，然简便异常，天趣悉备，可谓尽茶之真味矣。至于洗茶、候汤、择器，皆各有法，宁特侈言"乌府""云屯""苦节""建城"等目而已哉③？

《长物志》

【注释】

　　①文震亨（1585～1645）：字启美，长洲（今江苏苏州）人，文征明的曾孙。崇祯年间做过中书舍人，明亡以后绝食而死。著有《长物志》等。

　　②无虑：大约，大概。

　　③宁特：何必。侈言：夸大其词。乌府：装木炭的竹篮子。云屯：盛泉水的罐子。苦节：苦节君，竹制的风炉。建城：盛茶的竹笼。

【赏读】

这是一篇茶品简史，明白简单。饮茶习尚在明朝出现很大的变化，制茶的方法不同以往，相应的，烹茶的过程也比从前大为简化。明代的茶具也比陆羽的时代少了许多，但总有不可缺少的用具，总有不可缺少的环节，比如茶团消失之后，焙制的某些过程可能更为复杂。文震亨的总结是恰当的，即明朝的饮茶方式，"天趣悉备"，可以更完整地领略茶的真味。

文震亨所批评的那些名目，指的是明代高濂在《遵生八笺》中的说法。高濂把十六种茶具各自命名，比如把茶盏称为"啜香"，把茶壶称为"注春"等。另外还有七种辅助的器具，除了乌府、云屯、苦节君、建城之外，还有贮存泉水的"水曹"、存放茶具的竹编的方形筐"器局"、存放茶叶的竹编的圆形提篮"外有品司"。

文献中类似的茶具拟人化称谓还有：韦鸿胪、木待制、金法曹、石转运、胡员外、罗枢密、宗从事、漆雕秘阁、陶宝文、汤提点、竺副帅、司职方等。

明代学者朱存理把这些称为雅道，曾经说："制茶必有其具，锡姓而系名，宠以爵，加以号，季宋之弥文，然清逸高远，上通王公，下逮山野，亦雅道也。"

闵老子^①茶 张岱^②

周墨农^③向余道闵汶水茶不置口。戊寅九月至留都^④，抵岸，即访闵汶水于桃叶渡^⑤。日晡，汶水他出，迟其归，乃婆娑一老。方叙话，遽起曰："杖忘某所。"又去。余曰："今日岂可空去？"迟之又久，汶水返，更定矣。睨余曰："客尚在耶！客在奚为者？"余曰："慕汶老久，今日不畅饮汶老茶，决不去。"汶水喜，自起当垆。茶旋煮，速如风雨。导至一室，明窗净几，荆溪壶^⑥、成宣窑磁瓯十余种，皆精绝。灯下视茶色，与磁瓯无别，而香气逼人，余叫绝。余问汶水曰："此茶何产？"汶水曰："阆苑茶也。"余再啜之，曰："莫绐余！是阆苑制法，而味不似。"汶水匿笑曰："客知是何产？"余再啜之，曰："何其似罗岕甚也？"汶水吐舌曰："奇，奇！"余问："水何水？"曰："惠泉。"余又曰："莫绐余！惠泉走千里，水劳而圭角不动^⑦，何也？"汶水曰："不复敢隐。其取惠水，必淘井，静夜候新泉至，旋汲之。山石磊磊藉瓮底^⑧，舟非风则勿行。故水之生磊，即寻常惠水犹逊一头地，况他水耶！"又吐舌曰："奇，奇！"言未毕，汶水去。少顷，持一壶满斟余曰："客啜此。"余曰："香扑烈，味甚浑厚，此春茶耶？向瀹者的是秋采。"汶水大笑曰："予年七十，精赏鉴者，无客比。"遂定交。

《陶庵梦忆》

【注释】

①闵老子：又称闵汶水，歙人，居住在南京桃叶渡，茶艺精湛，烧火烹茶的全部环节都亲自动手，然后用酒盏一样的小杯飨客。

②张岱（1597～1680?）：字宗子、石公，号陶庵，别号蝶庵居士，山阴（今浙江绍兴）人，明末清初文学家。著有《陶庵梦忆》《西湖梦寻》《石匮书》《石匮书后集》《夜航船》等。

③周墨农：张岱的朋友，生平不详。

④留都：明代最早定都南京，明成祖迁都北京，南京为留都。

⑤桃叶渡：又名"南浦渡"，在秦淮河边，是古南京名胜。

⑥荆溪壶：宜兴紫砂壶。宜兴古时也称为荆邑，因为境内有荆溪流入太湖。

⑦"水劳"句：谓水从远道取来，而味犹生鲜清冽。圭角，棱角，这里指水纹。

⑧"山石"句：谓以石养水，水能保持原味。

【赏读】

崇祯十一年，张岱到南京拜访闵老子。闵老子精于茶艺，和两个儿子在南京桃叶渡开店卖茶。

张岱此前听说过闵汶水的大名，根据张岱在《茶史序》的说法，他的好朋友周又新认识闵汶水。有一年闵汶水到绍兴访问周又新，周又新和他一起带着茶具到张岱府上，可惜此时张岱正在外地，二人错过一次相识的好机会。

闵老子名声响亮，平时到他这里来买茶的人很多，其中肯定少不了蹭茶喝的人。最初见到张岱，闵老子一定也把他当成了这种人，所以借口手杖遗落在外，返身躲了出去。这恐怕也是他平时用来对付蹭茶者的手段。张岱远道而来，当然不甘心这样走掉，固执地等下去。从他的形容举止上，闵老子应该能看出他不是一位俗客，所以最终还是把他请进自己的茶室，拿出精绝的紫砂壶和成化瓷器，亲自动手，用惠泉水冲泡罗岕茶，没有一点敷衍的意思。

整个过程当中，闵老子一直在卖关子，这是一个较量见识的过程，对于鉴赏行家来说，充满了乐趣。张岱依次品尝出茶与水的真身，向闵老子证明自己不是外行，闵老子也就彻底展现出待客的诚意，彼此成为好友。

闵老子的茶如何精妙，我们不得而知，看得见的是他的手法。最大的特点是，闵老子不呼童使婢，烧火煮水点茶，全部亲自操办，而且手法纯熟，"速如风雨"，对于一个七十岁的老人来说，实在不易。

闵老子还有一个红颜知己，就是南京名妓王月生。王月生性情高傲，少言寡语，寒淡如孤梅冷月。平时的喜好，除了书法绘画，就是饮茶，不论刮风下雨，不论有多重要的宴会，每天必须先到闵老子这里来，饮上几壶香茶才行。重要的约会，或者知心的朋友，王月生都会安排在闵老子这里见面。张岱要离开南京的时候，闵老子和王月生一起前来送行，三人坐在燕子矶的石壁下痛饮一番。喝的应该是酒与茶，这样的场合，谈得最多的话题恐怕还是与茶相关。

张岱的文字简洁纯粹，通篇只写闵老子和他的茶，笔不旁骛，可以作为小品文的模范。

茶供说赠朱汝圭 钱谦益①

　　子羽②来告我曰："正德间，娄江③朱大经，明医好种菊。唐伯虎高其人，作《菊隐记》。菊隐之子雅筠及孙汝圭，世为逸人。汝圭精于茶事，谋于翼曰：'祖以菊隐，吾将以茶隐。今之通人，能为我授记茶隐如伯虎者谁乎？子为我请虞山老人④证明其说，愿岁岁采诸山青芽为虞山老人作供。'夫子亦笑而许之乎？"未几，汝圭持子羽书，侑贡舜⑤以请。

　　余语之曰："菊与茶，皆草木之英异者也，自屈平已云'餐秋菊之落英'，其后乃大显于靖节⑥。而茶之名颇晚出，迨于唐，乃著于鸿渐、又新之书，杼山、玉川之诗⑦。以臭味言之，是二者，伯虎所谓草木中之君子也。以时世考之，菊先而茶后，菊其祖也，茶则其孙也。虽微伯虎，孰得而掩诸？隐士之星为少微⑧，之光常指东南，而东南之人无以应也。范希文曰：'万象森然中，安知无茶星？'今将指茶星为少微，以实希文之言。斯世而有伯虎也，其必为嗑⑨笑已矣。虽然，吾则有谂⑩于子。吾视楞严坛⑪中设供，取白牛乳、砂糖、纯蜜之类，奉佛及诸大菩萨，西土沙门婆罗门，以蒲萄、甘蔗浆为上供，未有以茶作供者。考其风土，枣、栗、椑、柿，印度无闻，梨、奈、桃、杏，往往间植，茶非其所产故也。陆鸿渐，长于苾荔⑫者也；杼山，禅伯也。鸿渐《茶经》，不云奉佛。杼山《饮茶歌》，'三饮便得道，何须苦心破烦恼'，亦不云供佛。西土以贯花、燃香供佛，皆上妙殊胜，此土不闻其名。此土有而彼无者，茶耳，不以作供，斯亦四时供养之缺典也。天人言人中臭气，上熏于天四万余里。此土产茶，如伊兰丛中产牛头栴檀^⑬，天实私之，假以辟除恶臭，导迎妙气也。汝圭益精心治办茶事，金芽素瓷，清净供佛。他生受报，往生香国，以诸妙香而作佛事，岂但如丹丘羽人，饮茶生羽翼而已。李太白言：'后之高僧大隐，如仙人掌茶，发于中孚禅子及青莲居士李白也。'今余不敢当汝圭茶供，劝请以茶供佛。后之精茶道者，以采茶供佛为佛事，则自余之谂汝圭始。"作《茶供说》以赠。

《牧斋有学集》

【注释】

①钱谦益（1582～1664）：字受之，号牧斋，又号蒙叟、东涧遗老，江苏常熟人，万历年间进士，南明时做过礼部尚书，入清之后做过礼部侍郎。著有《初学集》《有学集》《投笔集》等。

②子羽：黄翼圣，字子羽，号莲蕊居士，太仓人，收藏家，明末曾经担任安吉知州，钱谦益的朋友。

③娄江：长江支流，在江苏省。

④虞山老人：即钱谦益，因钱谦益为江苏常熟人，学者称其为"虞山先生"。

⑤侑：酬答。荈（chuǎn）：茶的老叶。

⑥靖节：陶渊明死后，私谥靖节。"大显于靖节"，菊花因为陶渊明的喜爱而扬名天下。

⑦杼山、玉川之诗：唐代僧人皎然著有《杼山集》，多有吟咏

茶事的诗句。唐代诗人卢仝，自号玉川子。

⑧少微：星座，被当作士大夫和隐士之星。

⑨嗑：多言，闲言。

⑩谂：劝告。

⑪楞严坛：佛坛。

⑫苾蒭：比丘，佛家弟子。

⑬牛头栴檀：赤栴檀，产于牛头山。栴檀也就是檀香。

【赏读】

娄江人朱大经生活在明武宗正德年间，精通医术，平时最喜欢种菊花，明代著名画家唐寅为他写了一篇《菊隐记》。

朱大经有一个孙子名叫朱汝圭，和祖父一样逍遥世外，只是他喜欢的不是菊花，而是饮茶，并且精于茶道。朱汝圭要像祖父一样，借重名人的笔墨，让自己的雅好扬名四海，传于后世，于是托人请钱谦益为他写一篇《茶隐记》。

当然朱汝圭不会白白麻烦钱谦益，他提出的润笔也挺诱人，就是年年献给钱谦益一些渚山青芽。朱汝圭是一个精明的经营者，钱谦益算得上明末清初的文坛领袖，虽然因为降清，大损威望，他的文字仍然很有号召力。朱汝圭能让自己的名字出现在钱谦益的笔下，短期来看，会有很好的广告效应；长期来看，可以像自己的祖父一样，借助名人手笔而名传后世。

也许是朱汝圭的好茶太有诱惑力，也许是钱谦益在茶的问题上有话要说，于是就有了这一篇《茶供说赠朱汝圭》。钱谦益不愧是殿试中的探花，轻抬笔管，一篇纯粹的应酬文字，被他写得曲折婉转，显示出深厚的学养和功力。钱谦益也注意到僧人对于茶事的贡献，并且很郑重地向朱汝圭提出建议，用茶作为供佛之用。

后来，另一位清初大家冒襄在《岕茶汇钞》中也写到过这位朱汝圭，那时候朱汝圭已经七十四岁，一直居住在岕山，是一个茶叶的经营者，茶就是他的事业和生命，平时总是亲自采茶制茶烹茶，可惜他的子孙不喜欢这个行当，让朱汝圭气愤、失望。冒襄对于朱汝圭的描述是生动的："每竦骨入山，卧游虎虱，负笼入肆，啸傲瓯香。晨夕涤瓷洗叶，啜弄无休，指爪、齿颊与语言激扬，赞颂之津津，恒有喜神妙气与茶相长养，真奇癖也。"

把冒襄笔下的朱汝圭与张岱笔下的闵老子互相对照，很有意思。

芥 冒襄[①]

忆四十七年前，有吴人柯姓者，熟于阳羡茶山。每桐初露白之际，为余入芥，篛笼携来十余种。其最精妙不过斤许数两，味老香深，具芝兰、金石之性，十五年以为恒。后宛姬[②]从吴门归余，则芥片必需半塘[③]顾子兼，黄熟香必金平叔。茶香双妙，更入精微。然顾、金茶香之供，每岁必先虞山柳夫人[④]、吾邑陇西之蒨姬与余共宛姬，而后他及。

《芥茶汇钞》

【注释】

①冒襄（1611～1693）：字辟疆，号巢民，江苏如皋人，明末四公子之一，有《影梅庵忆语》《芥茶汇钞》等著作存世。

②宛姬：董小宛。

③半塘：在苏州。

④虞山柳夫人：柳如是。

【赏读】

冒襄和他的爱妾董小宛都喜欢喝芥茶。受董小宛的影响，冒襄只喝苏州顾子兼卖的芥茶。除了冒襄、董小宛，顾子兼的主顾还有钱谦益、柳如是夫妇和一位蒨姬。显然顾子兼很会做生意，走的是高端路线和女人路线。每年他按时把冒襄、董小宛需要的芥茶寄往如皋。

问题在于，芥茶当中的门道太多，顾子兼经手的芥茶成色如何，不得而知。冒襄应该喝得挺满意，一喝就是九年，直到董小宛出事。冒襄最早饮用的茶，由一位姓柯的茶贩供给，持续十五年。以后转喝顾子兼的芥片，顾子兼之后，冒襄一直没有喝到满意的好茶，直到遇见于象明。于象明在芥山的棋盘顶上有自家的茶园，虽然算不上最好的庙后芥茶，却是自家采摘焙制，可以保证品质的真实和纯正，冒襄赞其为"极真极妙，二十年所无"。于象明之后，冒襄又喝朱汝圭的芥茶。

董小宛嗜茶 冒襄

　　姬能饮，自入吾门，见余量不胜蕉叶①，遂罢饮，每晚侍荆人②数杯而已，而嗜茶与余同性。又同嗜界片③。每岁半塘顾子兼择最精者缄寄，具有片甲蝉翼④之异。文火细烟，小鼎长泉，必手自炊涤。余每诵左思《娇女诗》"吹嘘对鼎𪔂⑤"之句，姬为解颐。至"沸乳看蟹目鱼鳞，传瓷选月魂云魄"，尤为精绝。每花前月下，静试对尝，碧沉香泛，真如木兰沾露，瑶草临波，备极卢、陆之致。东坡云："分无玉碗捧峨眉。"余一生清福，九年占尽，九年折尽矣。

《影梅庵忆语》

【注释】

　　①蕉叶：浅底的酒杯。

　　②荆人：对别人称自己妻子的谦辞。

　　③界片：芥茶。

　　④片甲蝉翼：散茶中的极品。片甲，早春黄芽，其叶相抱如片甲。蝉翼，茶芽嫩薄如蝉翼。

　　⑤𪔂（lì）：鬲，像鼎。

【赏读】

　　董小宛原本是风尘女子，要给自己找一个终身的依靠，执意要到冒襄的身边来，这个过程颇为曲折，《影梅庵忆语》中有细致的记载，因此后来董小宛非常珍惜这种生活。

冒襄有正室的夫人，董小宛只是小妾，在日常的生活之中处处谨慎。董小宛很会经营生活，平时除了陪伴冒襄读书治学，栽梅养兰，还亲手调制一些食物，比如花露果汁、香豉泡菜、火肉风鱼，让冒襄的生活丰富而有韵味。

关于董小宛的饮食习惯，冒襄在《影梅庵忆语》中说，她口味清淡，不喜甘肥，"每饭，以芥茶一小壶温淘，佐以水菜、香豉数茎粒，便足一餐"。

二人都喜欢芥茶，经常在一起相对焚香品茗。花前月下，芳香袅袅，美人在前，佳茗在手，直让冒襄感觉如入仙界。可惜这样的好日子并不长久，只持续了九年。

冒襄、董小宛的清高生活也有令人疑惑的地方，比如"文火细烟，小鼎长泉"，而比冒襄稍早的李日华却明言："品烹精茗不必更焚香。"所以，焚香品茶的说法大概只是看上去很美。

题汪近人①《煎茶图》　　厉鹗②

　　巢林先生爱梅兼爱茶，啜茶日日写梅花。要将胸中清苦味，吐作纸上冰霜桠。敲门走送古梅枝，索我《煎茶图子》诗。此图乃是西唐山人③所作之横幅，窠石苔皴④安矮屋。石边修竹不受厄，合和茶烟上空绿。石兄竹弟玉川居，山屐田衣野态疏。素瓷传处四三客，尽让先生七碗余。先生一目盲似杜子夏⑤，不事王侯恣潇洒。尚留一目着花梢，铁线⑥圈成春染惹。春风过后发茶香，放笔横眠梦蝶床。南船北马喧如沸，肯出城阴旧草堂？

《樊榭山房集》

【注释】

　　①汪近人：汪士慎，字近人，号巢林，擅长书法、绘画，精于楷书和描绘花卉。

　　②厉鹗（1692～1752）：字太鸿，又字雄飞，号樊榭，人称樊榭先生，晚年自号南湖花隐，钱塘（今浙江杭州）人。科举失利之后，厉鹗安心著述，有《樊榭山房集》《东城杂记》《湖船录》《宋诗纪事》等著作。

　　③西唐山人：高翔，字凤冈，号西唐，擅长画梅和山水画。

　　④窠石苔皴：窠石，带孔洞的石头，假山。苔皴，画面之上皴擦出的苔痕。

⑤杜子夏：西汉人杜钦，字子夏，一只眼睛失明。

⑥铁线：形容画中的笔画劲健。

【赏读】

与其说这是一篇小品，毋宁说是一首自由诗。

汪士慎是扬州八怪之一，精于书画，厉鹗曾经专门写诗赞美他的八分书。喜欢书画的人大多都是嗜茶者，汪士慎也不例外，每天喝茶画梅，这一次他拿来一幅《煎茶图》，请厉鹗题词。

《煎茶图》的作者是另一位扬州画家高翔，画面上奇石茅屋修竹，三四个人正在饮茶，茶烟野树，情趣生动。

因为大家是好朋友，厉鹗的题词自由随便，笔墨集中在汪士慎身上。于是高翔的一幅《煎茶图》、厉鹗的文字、汪士慎的日常喜好，三者结合到同一画面上了，一幅原本简单的画，内涵一下子丰富起来。

"春风过后发茶香，放笔横眠梦蝶床。"这样的生活，很让人向往。

卷二

茶品

顾渚贡焙^① 钱易^②

唐制，湖州造茶最多，谓之"顾渚贡焙"。岁造一万八千四百八斤，焙在长城县西北。大历五年以后，始有进奉。至建中二年，袁高为郡^③，进三千六百串，并诗刻石在贡焙。故陆鸿渐与杨祭酒书云："顾渚山中紫笋茶两片，此物但恨帝未得尝，实所叹息。一片上太夫人，一片充^④昆弟同啜。"后开成三年，以贡不如法，停^⑤刺史裴充。

《南部新书》

【注释】

①标题为编者拟。

②钱易（生卒年不详）：字希白，杭州人，宋真宗时官至翰林学士，著有《南部新书》，记载唐、五代琐事与逸闻，也有部分朝章国典，可补正史之不足。

③为郡：担任州郡的长官。

④充：供给，备。

⑤停：停职。

【赏读】

关于唐代贡茶的记载，并不多见，这段文字因此十分宝贵。

　　湖州的长城县，就是现在浙江的长兴县，是顾渚紫茶的产地，每年的产量将近两万斤。湖州从唐代宗大历年间开始提供贡品茶，几年之后，到了唐德宗时期，每年的贡茶多达三千六百串。

　　顾渚茶中的精品是一种紫笋茶，陆羽大为赞赏，特意给自己的朋友杨祭酒寄去两片，一片献给朋友的母亲品尝，一片留给杨祭酒和兄弟分享。

　　陆羽在这里用到的单位是"片"，说明此时的顾渚茶与后来宋代的茶饼、茶团比较相近，大概厚度上会薄一些，可以把若干茶片串起来，形成一串。

　　在写给杨祭酒的信中，陆羽遗憾当时的皇帝没有品尝到紫笋茶。陆羽糊涂，一种好茶的价值，迟早会被世人发现，实在不需要哪位皇帝的首肯和推赏。况且，任何一样好东西，只要被皇帝惦记上，对于产地的百姓来说，就是灾难降临。

双井白芽① 欧阳修

腊茶②出于剑、建③，草茶盛于两浙④。两浙之品，日注⑤为第一。自景祐⑥以后，洪州⑦双井白芽渐盛，近岁制作尤精，囊以红纱，不过一二两，以常茶十数斤养之，用辟暑湿之气。其品远出日注上，遂为草茶第一。

《归田录》

【注释】

①标题为编者拟。

②腊茶：唐宋时的一种茶，也称蜡茶、蜡面茶，煎开后茶乳上浮。

③剑：剑州，今福建西北部。建：建州，今福建北部。

④两浙：两浙路，北宋时的范围大约包括今天江苏南部和浙江全部。

⑤日注：即日铸茶。

⑥景祐：宋仁宗用过的年号。

⑦洪州：今江西南昌。

【赏读】

欧阳修所处的时代，产自福建与浙江的茶，最受推崇。之后因为黄庭坚的大力宣扬，产自江西的双井茶名声渐起，双井茶产量稀少，自然格外珍贵。为了保持色味，双井茶被装进红纱囊中，周围使用大量的普通茶加以培护。显然，北宋人也懂得"包装"，懂得借助名人进行炒作。

苏轼对于双井茶的看法有所保留。推荐双井茶最为有力的是黄庭坚，因为这是他故乡所产，其中应该关系到个人的利益。在写给朋友陈愭的信中，黄庭坚认为双井茶品质优良，但原因不明。他调侃说，自己认为双井茶最好，恐怕与自己的见识太少有关系，又把双井茶与胭脂铺里的女子相比。

欧阳修、苏轼、黄庭坚都是当时文坛翘楚，双井茶频繁出现在他们的诗文当中，起到了很好的广告作用，双井茶的名气迅速超过了日铸茶。

茶记 蔡襄

王家白茶闻于天下，其人名大诏。白茶唯一株，岁可作五七饼，如五铢钱大。方其盛时，高视茶山，莫敢与之角。一饼直钱一千，非其亲故不可得也。终为园家以计枯其株。予过建安^①，大诏垂涕为余言其事。今年枯蘖^②辄生一枝，造成一饼，小于五铢。大诏越四千里，特携以来京师，见余喜发颜面。予之好茶固深矣，而大诏不远数千里之役，其勤如此，意谓非予莫之省也。

可怜哉！乙巳初月朔日书。

《端明集》

【注释】

①建安：现在的福建建瓯。

②蘖：这里指断枝生出的新芽。

【赏读】

蔡襄在福建监制小龙团的经历，给他带来无限的荣光，因为这大大密切了他与宋仁宗的关系，这种自豪感在他的一首《北苑》诗中流露出来："苍山走千里，斗落分两臂。灵泉出地清，嘉卉得天味。入门脱世氛，官曹真傲吏。"

建安的许多种茶人也因此十分尊重蔡襄，王大诏就是其中一个。

王大诏的家里有一棵好茶树，是一种品质绝佳的白茶。只可惜产量稀少，每年可以制成不到十块的茶饼，每一块只比铜钱大一点点。这种茶当然价格很高，每块茶饼可以卖到一千钱，而且一般人买不到。

在当地，这棵白茶无与伦比，引起别人的嫉妒，暗施手段，结果白茶树枯死。王大诏非常伤心，向蔡襄哭诉自己的不幸。几年之后，王大诏突然跑到汴梁来找蔡襄，一脸喜色，从怀里掏出一块小小的茶饼——他那棵枯死的白茶树今年突然有一根枝杈返青，长出一些茶芽。王大诏采下这些茶芽，制成这一块小茶饼，赶了四千里路，来给蔡襄品鉴。

产量虽少，只有一个茶饼，但采茶、造茶的工序一样都不能少，如蔡襄在《造茶》诗中所写："屑玉寸阴间，抟金新范里。规呈月正圆，势动龙初起。焙出香色全，争夸火候是。"

王大诏是一个茶痴，但不是嗜好喝茶的茶痴，而是宝爱茶树之痴。对于这样一个痴情的人，蔡襄除了叹一声"可怜哉"，实在说不出别的。

茶录 蔡襄

色

茶色贵白，而饼茶多以珍膏油[①]其面，故有青、黄、紫、黑之异。善别茶者，正如相工之视人气色也，隐然察之于内，以肉理实润者为上。既已末之[②]，黄白者受水昏重，青白者受水鲜明。故建安人斗试，以青白胜黄白。

香

茶有真香，而入贡者微以龙脑和膏，欲助其香。建安民间试茶，皆不入香，恐夺其真。若烹点之际，又杂珍果香草，其夺益甚，正当不用。

味

茶味主于甘滑，惟北苑凤凰山连属诸焙[③]所产者味佳。隔溪诸山虽及时加意制作，色味皆重，莫能及也。又有水泉不甘，能损茶味，前世之论水品者以此。

藏茶

茶宜蒻[④]叶而畏香药，喜温燥而忌湿冷。故收藏之家以蒻叶封裹入焙中，两三日一次用火，常如人体温，以御湿润。若火多，则茶焦不可食。

炙茶

茶或经年，则香色味皆陈。于净器中以沸汤渍之，刮去膏油一两重乃止，以钤⑤钳之，微火炙干，然后碎碾。若当年新茶，则不用此说。

碾茶

碾茶先以净纸密裹椎碎，然后熟碾。其大要⑥，旋碾则色白，或经宿，则色已昏矣。

罗茶

罗细则茶浮，粗则水浮。

候汤

候汤最难，未熟则沫浮，过熟则茶沉。前世谓之"蟹眼"者，过熟汤也。况瓶中煮之，不可辨，故曰候汤最难。

熁盏

凡欲点茶，先须熁盏令热，冷则茶不浮。

点茶

茶少汤多则云脚散，汤少茶多则粥面聚（建人谓之云脚粥面）。钞⑦茶一钱匕，先注汤，调令极匀，又添注之，环回击拂。汤上盏，可⑧四分则止，视其面色鲜明，着盏无水痕⑨为绝佳。建安斗试，以水痕先者为负，耐久者为胜。故较胜负之说，曰相去一水两水。

《端明集》

【注释】

①油：涂刷。

②末之：碾成粉末。

③焙：微火烘烤。本文中也指制茶的场所和用具。

④蒻（ruò）：嫩蒲草。

⑤钤：金属制的钳子。

⑥大要：要旨。

⑦钞：抄，勺取。

⑧可：达到。

⑨水痕：乳花下面露出茶汤。

【赏读】

这段是《茶录》的上篇，是蔡襄写给宋仁宗看的，所以语言简洁扼要，清晰明白。

蔡襄为《茶录》写过一篇序和一篇后记。从他的介绍来看，《茶录》写成之后进献给了宋仁宗，自己留有一份底稿。后来，蔡襄又以枢密直学士的身份再次来到福州，做了福州知州。手下的掌书记把《茶录》的底稿偷走，最终辗转落到某位知县手中，刊刻成书。宋仁宗去世之后，蔡襄对《茶录》的文字加以修订，刻于石上，后面还有欧阳修撰写的后序。

　　蔡襄主持过北苑贡茶，创制小龙团，所以从他的描述中可以探知小龙团的一些制法，比如在茶饼中添加少量的龙脑香。这恐怕是沿袭传统的做法，因为蔡襄也指出，添加的香料会夺走茶本身的真香，所以民间不用香料。蔡襄多次提到建安人斗茶、试茶，并且以斗试者的做法为正宗。

　　碾茶和罗茶两个环节，对茶汤最终的品质十分重要。茶要现喝现碾，如果碾过之后很久才点茶，茶末被氧化，茶汤的颜色就会昏暗不白，味道大减。碾过的茶还要用细罗筛过，当然是越细越好，可以让茶花在水面的时间更长久。

　　关于熁盏，蔡襄明确指出，让茶盏预热，可以使茶花上浮。

　　点茶的环节，汤与茶末的比例很重要。适量的茶末放入加热的茶盏中，先注入少量热汤，将茶末调成均匀的糊状，然后开始正式注汤，同时快速击拂，最终乳花满盏，浮于茶汤表面，不露水痕。在建安人斗茶时，这一点也是比试的关键。乳花很快消退，先露出茶汤者，算是失败。

茶芽① 沈括②

　　茶芽，古人谓之雀舌、麦颗③，言其至嫩也。今茶之美者，其质素良，而所植之土又美，则新牙一发，便长寸许，其细如针。唯牙长为上品，以其质干④、土力皆有余故也。如雀舌、麦颗者，极下材耳。乃北人不识，误为品题⑤。余山居，有《茶论》，《尝茶》诗云："谁把嫩香名雀舌？定知北客未曾尝。不知灵草天然异，一夜风吹一寸长。"

《梦溪笔谈》

【注释】

　　①标题为编者拟。

　　②沈括（1031～1095）：字存中，晚年自号梦溪丈人，钱塘（今浙江杭州）人。宋仁宗末年考中进士，做过翰林学士，著有《梦溪笔谈》等。

　　③麦颗：形如麦粒的茶芽。

　　④质干：茶树本身。

　　⑤品题：评论高下，评价。

【赏读】

　　在品茶鉴茶方面，北方人的经验与见识总有局限，很容易被南方人嘲笑。

沈括认为，北方人推重细嫩的茶芽，错以为像雀舌一样细瘦、像麦芽一样纤小的，才是上品的好茶。殊不知，上等好茶的茶树自身必定足够健壮，加上地力厚劲，新发的茶芽一夜之间便能有一寸多长，那些短小细瘦的茶芽，先天不足，其实是劣下之茶。

此篇可与郎瑛的《茶旗枪》对照。

辨壑源、沙溪[①] 黄儒

壑源、沙溪，其地相背，而中隔一岭，其去无数里之远，然茶产顿殊。有能出力移栽植之，亦为土气所化[②]。窃尝怪茶之为草，一物尔，其势必犹得地而后异。岂水络地脉，偏钟粹[③]于壑源？岂御焙占此大冈巍陇[④]，神物伏护，得其余荫耶？何其甘芳精至而美擅[⑤]天下也！观夫春雷一惊，筍笼[⑥]才起，售者已担篸挈橐于其门[⑦]，或先期而散留金钱，或茶才入笪[⑧]而争酬所直，故壑源之茶常不足客所求，其有桀猾[⑨]之园民，阴取沙溪茶黄[⑩]，杂就家卷[⑪]而制之。人耳[⑫]其名，眂[⑬]其规模之相若，不能原其实者，盖有之矣。凡壑源之茶售以十，则沙溪之茶售以五，其直大率仿此。然沙溪之园民，亦勇于觅利，或杂以松黄[⑭]，饰其首面[⑮]。凡肉理怯薄，体轻而色黄，试时虽鲜白不能久泛，香薄而味短者，沙溪之品也。凡肉理实厚，体坚而色紫，试时泛盏凝久，香滑而味长者，壑源之品也。

《品茶要录》

【注释】

①壑源：地名，距离北苑二里。沙溪：地名，在北苑以西约十里。

②所化：改变。

③钟粹：集中精华。

④大冈巍陇：高山。

⑤擅：独揽。

⑥筥笼：竹制容器。

⑦担簦挈橐：比喻长途跋涉。簦，长柄笠。挈：携带。橐：口袋。

⑧筤：竹制器，用于晾晒茶芽。

⑨桀猾：狡黠凶残。

⑩茶黄：蒸熟的茶芽。

⑪卷：压制茶团的模具。

⑫耳：听说。

⑬睨：看，斜眼看。

⑭松黄：松树的花。

⑮首面：表面。

【赏读】

　　壑源距离北苑很近，所产的建茶品质与北苑贡茶十分接近，是宋代私焙中的顶级品。

　　因为壑源茶是私焙茶，可以在市面上自由流通，没有机会喝到贡品官焙的士绅们十分青睐壑源茶，使它变得十分抢手。每年春天的采茶季节，买家早早赶到茶园收购，有人干脆提前付款，向茶家预购。

　　沙溪与壑源之间隔着一道山，其茶的品味相差悬殊。有人试验，把壑源的茶树移植到沙溪，结果产出的茶依然不佳。因此，沙溪茶在市面上的价格只是壑源茶的一半。

　　壑源茶供不应求，沙溪茶价格低廉，而两地相邻，两种茶的外观上又十分接近，于是有人想到收购沙溪茶来假冒壑源茶，结果利润丰厚。沙溪的茶家也不傻，也想获得超额的利润，于是再取等而下之者来仿冒沙溪茶，其中甚至还包括松花。

世间对名品的盲目需求，人们获取利益的贪欲，二者结合起来，假货于是应运而生。

当时许多人知道这个秘密。苏轼的朋友送给他壑源新茶，并附赠一首诗。苏轼依韵写了一首《次韵曹辅寄壑源试焙新芽》，其中有"要知玉雪心肠好，不是膏油首面新。戏作小诗君一笑，从来佳茗似佳人"。苏轼拿涂脂抹粉的美女来和壑源茶相比，他一定知道壑源茶中的种种猫腻，才有此语。《四库全书总目》怀疑《品茶要录》所附的一篇文字是否为苏轼所写。从这首诗来看，那篇文字确实是苏轼所写，他看过黄儒对于壑源茶和沙溪茶的辨析。

这个秘密黄庭坚也知道。黄庭坚并不是一味地喝自家的双井茶，也喜欢喝建茶，认为风味可人。只是官焙的建茶就算他能喝到，往往也是陈旧之茶。如此一来，新鲜的壑源茶就是最好的选择。但是，黄庭坚也知道用沙溪茶来假冒壑源茶的事，所以他在一首《谢王烟之惠茶》中写道："于公岁取壑源足，勿遣沙溪来乱真。"

与吕晋父①帖 黄庭坚

比辱车骑临顾②，恩意良厚。适到家日，苦宾客肴具菲薄，不足淹留③君子，于今愧悚。比方扫除岩下草堂，日亲锄灌，林影水声，可以永日，恨公不能来尔。双井四瓶，皆今年极嫩者，又玉沙芽一斤，以调护白芽。然此品自佳气味，但未得过梅④，香色味皆全尔。公着意兹，想不可欺也。

《山谷集》

【注释】

①吕晋父：黄庭坚朋友，生平不详。

②比：最近，近来。临顾：来访，光临。

③淹留：挽留。

④梅：江南节候，梅雨季节。

【赏读】

黄庭坚的故乡在洪州分宁县双井里，因此他经常自称"双井黄某"，或者落款"双井永思堂"。

双井这里出产一种茶，品质极佳，而且产茶的地方属于黄庭坚家族所有。所以黄庭坚曾经在京城大力宣扬双井茶，多次向朋友奉寄双井茶，一般数量都不多，比较多的一次是新芽八两，可见这种茶的产量很小。

　　黄庭坚的做法也引起一些人的反感。《宋稗类钞》中说，富弼一直很想见一见黄庭坚，终于见到了，却不喜欢，对别人说："将谓黄某如何，原来只是分宁一茶客。"

　　显然，黄庭坚在富弼面前也是大谈特谈双井茶。这种做法在黄庭坚被贬往黔州之后也没改变。在给朋友的一封信中，黄庭坚提到，弟弟黄叔献两次派人从家乡双井赶到黔州来看望他。来者必定携带家乡的土产，其中最重要、最方便带到远方的，恐怕就是双井茶了。

　　这位吕晋父是一位品茶的行家，黄庭坚在信中说他"着意"在茶，又随信寄给他四瓶双井茶。四瓶双井都是本年的新茶，新鲜美嫩，所以黄庭坚额外搭上一斤玉沙芽，主要是为了养护那四瓶双井茶。关于这一点，欧阳修曾经有过仔细的说明。

答王子厚书 黄庭坚

顿首。所寄卷轴①，老人下笔不喜循界道②，卷终又写不尽，辄以一纸续之，但如此亦自不凡耳。二颂③语拙意陋，谩枉仰高④之意。

双井法，当以芦布作巾，裹厚垍⑤盏一只，置茶其中，每用手顿之，尽筛去白毛，并简⑥去茶子，乃硙⑦之，则茶色味皆胜也。点时净濯瓶，注甘冷泉，熟火煮盘爁盏⑧令热，汤才沸即点。草茶劣，不比建溪，须用熟沸汤也。往尝作建溪茶曲，不审见之否？或未见，后当寄也。

《山谷集》

【注释】

①卷轴：字画。

②界道：古代用于书写的绢帛、纸张上，有织好或者印好的间隔线，称为乌丝栏、朱丝栏。

③颂：一种文体，内容主要是赞美。

④仰高：景仰，仰慕。

⑤垍（jì）：坚土，陶器。

⑥简：剔除。

⑦硙（wèi）：磨碎。

⑧熁盏：把茶碗烤热。

【赏读】

此前，这位王子厚写信寄给黄庭坚一首诗，名为《双井茶》，作者是欧阳修。诗中有这样的描述："白毛囊以红碧纱，十斤茶养一两芽。长安富贵五侯家，一啜犹须三日夸。宝云日注非不精，争新弃旧世人情。"

黄庭坚感觉欧阳修的说法太夸张，所以回信说这首诗"词意未当"，双井茶的价值并没有欧阳修说得那么高。黄庭坚并且随信给王子厚寄上一些去年的双井茶，仔细说明如何碾茶，其中描述，与写给王献可的信大致相同，就是务必把石磨清洗干净，晒干。碾茶时，要少加茶，快转磨。碾过的茶末还要用细罗认真筛过。

大概王子厚对双井茶的煎法还有一些疑问，又写一封信，黄庭坚在回信中又谈到一些双井茶的煎法，告诉他碾茶之前，一定要去掉茶上的白毛。方法是把茶放在一只厚陶碗中，外面蒙上一块粗布，不停地颠顿，筛净白毛，再入茶磨碾成茶末。

加热茶碗，即所谓的"熁盏"，是宋代点茶不可缺少的环节，不是双井茶特有。黄庭坚再次强调了双井茶与建茶的区别，就是不耐冲泡，所以点茶的水温不能太高。

极品① 叶梦得②

北苑茶正所产为曾坑，谓之正焙。非曾坑为沙溪，谓之外焙。二地相去不远，而茶种悬绝。沙溪色白，过于曾坑，但味短而微涩，识茶者一啜如别泾渭也。余始疑地气、土宜③不应顿异如此，及来山中，每开辟径路，刬治岩窦④，有寻丈⑤之间土色各殊，肥瘠紧缓燥润亦从而不同。并植两木于数步之间，封培灌溉略等，而生死丰瘁⑥如二物者，然后知事不经见，不可必信也。

草茶极品惟双井、顾渚，亦不过各有数亩。双井在分宁县，其地属黄氏，鲁直家也。元祐间，鲁直力推赏于京师，族人交致⑦之，然岁仅得一二斤尔。顾渚在长兴县，所谓吉祥寺也，其半为今刘侍郎希范家所有，两地所产岁亦止五六斤。近岁寺僧求之者多，不暇精择，不及刘氏远甚。余岁求于刘氏，过半斤则不复佳。盖茶味虽均，其精者在嫩芽，取其初萌如雀舌者，谓之枪，稍敷⑧而为叶者，谓之旗。旗非所贵，不得已取一枪一旗犹可，过是则老矣。此所以为难得也。

《避暑录话》

【注释】

①标题为编者拟。

②叶梦得（1077～1148）：字少蕴，号石林居士，祖籍吴县（今江苏苏州），居住乌程（今浙江湖州）。叶梦得是宋哲宗年间进士，做过起居郎、汝州知州、户部尚书、福州知州等，著有《石林燕语》《避暑录话》等。

③土宜：土壤，土产。

④刬：挖，刨。岩窦：岩穴。

⑤寻丈：八尺到一丈，形容不远的距离。

⑥瘁：疾病。

⑦交致：一齐送给。

⑧敷：舒展。

【赏读】

欧阳修把北宋时流行的茶分为两大类，一是腊茶，二是草茶。腊茶的代表是北苑茶，其中的正焙也就是官焙的贡品茶，同一地区的民焙称为外焙，二者在地理上的距离非常近，茶树的品种、茶叶采摘的时节、加工焙制的方法完全一样，但茶汤的颜色与口感都有微妙的差别。这种差别主要还是源自于土地，外焙中最好的是壑源和沙溪两种。

按照叶梦得的说法，宋代草茶中的极品茶主要有双井茶和顾渚茶。双井茶的产地在洪州的分宁县，现在的江西境内。产茶的地方是北宋文学家黄庭坚家族的土地。这里说双井茶数量稀少，黄庭坚每年只能拿到一二斤，有些夸张。从黄庭坚的一些诗文来看，他经常拿双井茶馈送朋友，最少的时候一瓶，有时候是八两。当然黄庭坚本人也要喝，计算下来，一年的产量显然不会只有一二斤。

最好的顾渚茶的产地在长兴县吉祥寺附近，茶园的一半归寺院所有，另一半的所有者是刘希范，总共一年的产量只有五六斤，十分珍贵。刘希范就是刘珏，长兴人，两宋之交的一位高官，不知道这块茶园是刘家的祖产，还是巧取豪夺而来。

叶梦得与刘珏之间有一段特殊的交情：建炎年间，金兵南下攻向扬州，叶梦得和刘珏跟随宋高宗匆忙渡江南逃。夜里叶梦得、刘珏和大队人马走失，二人徒步赶路，遇到一群溃败之兵，拦住二人去路。危难之际，叶梦得看到一位旧日的部下，二人方才侥幸逃脱。刘珏家的顾渚茶的品质要比吉祥寺的更好。每年叶梦得都会向刘珏求茶，因为二人之间的患难交情，他能够得到半斤好茶。但也只有半斤，超过这个数量，品质就相差许多。春芽过了，还有一枪一旗，再以后，就只有旗叶了。

茶诗 王观国①

　　茶之佳品，摘造在社前，其次则火前，谓寒食前也。其下则雨前，谓谷雨前也。茶之佳品，其色白，若碧绿色者，乃常品也。茶之佳品，芽蘖微细，不可多得，若取数多者，皆常品也。茶之佳品，皆点啜之，其煎啜之者，皆常品也。

　　齐己②茶诗曰："甘传天下口，贵占火前名。"又曰："高人爱惜藏岩里，白硾③封题寄火前。"丁谓茶诗曰："开缄试火前，须汲远山泉。"凡此言火前，盖未知社前之品为佳也。郑谷④尝茶诗曰："入坐半瓯轻泛绿，开缄数片浅含黄。"郑云叟⑤茶诗曰："惟忧碧粉散，尝见绿花生。"沈存中⑥论茶，谓："黄金碾畔绿尘飞，碧玉瓯中翠涛起。"宜改"绿"为"玉"，改"翠"为"素"，此论可也。而举"一夜风吹一寸长"之句，以为茶之精华发越⑦，不必以雀舌乌嘴为贵，今按茶至于一寸长，则其芽蘖大矣，非佳品也。存中以此论，曲⑧矣。卢仝茶歌曰："开缄宛见谏议面，手阅月团三百片。"薛能⑨《谢刘相公寄茶》诗曰："两串春团敌夜光，名题天柱印维扬。"茶之佳品，珍逾金玉，未易多得，而以三百片惠卢仝，以两串寄薛能者，皆下品可知也。齐己茶诗曰："角开香满室，炉动绿凝铛。"丁谓茶诗曰："末细烹还好，铛新味更全。"此皆煎茶啜之也。煎茶啜之者，非佳品矣。

唐人于茶，虽有陆羽为之说，而持论未精。至本朝蔡君谟《茶录》既行，则持论精矣。以《茶录》而核前贤之诗，皆未有知佳味者也。

《学林》

【注释】

①王观国（生卒年不详）：字彦宾，湖南长沙人，宋徽宗政和年间进士，宋高宗时代做过汀州宁化县知县，再升任祠部郎中。王观国著有《学林》十卷，以辨别字体、字义、字音为主，引据详洽，辨析精核。

②齐己：唐末诗人，僧人。

③白硾：白硾纸，也就是高丽纸，纸质滑腻，不凝笔，光白可爱。

④郑谷：晚唐诗人。

⑤郑云叟：唐末诗人。

⑥沈存中：沈括，字存中。

⑦发越：生长迅疾。

⑧曲：偏颇。

⑨薛能：唐代诗人。

【赏读】

王观国首先提出几个观点，然后从前人的诗句入手，判断他们饮茶的品质，是很有意思的一个方法。

王观国认为：从采制的时间来看，社前茶品质最高，其次是火前茶，再次是雨前茶。从茶色上看，色白之茶的品质，要比色绿之茶好得多。从数量上看，上品茶通常产量稀少，产量大的茶，往往品质一般。从冲饮方法的角度来看，煎煮的茶，喝起来滋味平平，好茶都是冲、点出来的。

王观国读诗很细致，观察敏锐。他大力推崇蔡襄的《茶录》，认为陆羽的《茶经》"持论未精"，当然只是一家之见。宋代的贡品茶制作精良，宋代的茶品更丰富，宋代的饮茶风尚比唐代更普遍、更讲究，这些都是事实。但是从整体上看，《茶经》的格局显然要比《茶录》宏大得多，论述简约、概括、全面、精当。如果把蔡襄的《茶录》看成一座精美的皇家园林，那么，陆羽的《茶经》就是一座林木丰美茂盛的高山。

任何时代都有知佳味者，王观国知茶味，更知诗味。

白合水芽 姚宽[1]

建州龙焙，面北，谓之北苑。有一泉，极清澹[2]，谓之御泉。用其池水造茶，不坏茶味。唯龙园胜雪、白茶二种，谓之水芽。先蒸后拣，每一芽，先去外两小叶，谓之"乌带"。又次取两嫩叶，谓之"白合"。留小心芽置于水中，呼为"水芽"。聚之稍多，即研焙为二品，即龙园胜雪、白茶也。茶之极精好者，无出于此。每胯[3]计工价近三十千。其他茶虽好，皆先拣而后蒸研，其味次第减也。

《西溪丛语》

【注释】

①姚宽（1105～1162）：字令威，越州嵊县（今浙江嵊州市）人，做过枢密院编修官，著有《西溪丛语》，多考证典籍之异同。

②清澹：清缓。

③胯：铐。

【赏读】

这则小品基本说清楚了白合和水芽——新鲜的茶芽蒸过之后，浸于御泉水中，剔取茶芽中间相抱而生的一对嫩芽，也就是白合，剩下里面最珍贵的心芽。在清澈的泉水当中完成这个过程，为的是最大限度地保持白合和心芽本身的纯正味道，避免操作过程中窜入异味。白合和心芽即是所谓的水芽，以区别于拣芽。

　　如此精心采制的水芽，再分别研焙为小铸，不用香料，制成两款极品茶，分别是龙园胜雪（也有书写作"龙团胜雪"）和白茶。每年的早春，茶芽新萌，制好的龙园胜雪和白茶被快马送到京城，供皇帝品尝。一年当中第一批、第二批贡茶的时间最短，数量稀少，显得异常珍贵。实际上，从茶味的角度来看，头两批的茶太嫩，第三批的茶才是最妙的，品种也更为丰富。

建茶之伪[①]　陆游[②]

（六月）十九日。金山长老宝印来，字坦叔，嘉州人。言自峡州以西，滩不可胜计，白傅诗所谓"白狗到黄牛，滩如竹节稠[③]"是也。赴蔡守饭于丹阳楼。热特甚，堆冰满坐，了无凉意。蔡自点茶，颇工，而茶殊下。同坐熊教授[④]，建宁人，云："建茶旧杂以米粉，复更以薯蓣[⑤]，两年来，又更以楮[⑥]芽，与茶味颇相入，且多乳[⑦]，惟过梅则无复气味矣。非精识者，未易察也。"申后，移舟出三闸，至潮闸而止。

《入蜀记》

【注释】

①标题为编者拟。

②陆游（1125～1210）：字务观，号放翁，山阴（今浙江绍兴）人，赐进士出身，南宋著名文学家，著有《老学庵笔记》《剑南诗稿》《渭南文集》等。

③白傅：白居易，做过太子少傅，所以常被称为白傅。原诗是《发白狗峡次黄牛峡登高寺却望忠州》的首句，作："白狗次黄牛，滩如竹节稠。"

④教授：宋代学官。

⑤薯蓣：山药。

⑥楮：适合造纸的一种树木，树叶有瓣。

⑦乳：汁液。

【赏读】

宋孝宗乾道五年年底，陆游得到通报，任命他为夔州通判。夔州远在蜀中，就是现在的重庆一带，距离陆游的家乡山阴十分遥远，道路艰辛。陆游此时身体不好，拖了半年，到了乾道六年的闰五月中旬方才动身，乘船西行，开始漫长的跋涉。一路上，陆游走走停停，每到一处，弃船登岸，访朋问友，应酬饭局，见识地方风物，旅程一点都不枯燥。《入蜀记》一书便是记述沿途见闻，叙述精洁。

陆游走到镇江境内，当地的蔡太守在丹阳楼款待陆游，席上当然少不了饮茶，并且由蔡太守亲自动手点茶，手法娴熟。可惜当天的茶质量太差，陆游是浙江绍兴人，日铸茶之类的好茶一定品尝过许多，对茶的品质颇为挑剔，认为这种茶实在是浪费了蔡太守的好手艺。

在座的另一位熊教授是福建人，熟知当地人如何在制作茶饼时捣鬼。其中的手段也是经常变化的，有的在茶饼中添加米粉，也有添加山药的。这两种东西本身没有特殊的味道，既能增加茶饼的分量，摊薄成本，又不会把怪异的味道带进来。问题是这两样东西如果比例太高，从外观上容易被人识别，于是造假者再加入一种树芽。如此制成的一块茶饼，内含的真正的建茶自然十分有限。刚刚制成的时候，还能喝出几分茶味，经过一个潮湿的梅雨季节，米粉、山药之类的发霉变质，味道可以想见。

我们跟随陆游一起见识了南宋茶团造假的手段。有意思的是，当天的东道主是蔡太守，熊教授在席上大谈假茶，实在有损太守的颜面。

焦坑茶 周辉①

先人尝从张晋彦②觅茶，张答以二小诗："内家③新赐'密云龙'，只到调元④六七公。赖有家山供小草，犹堪诗老荐⑤春风。""《仇池》⑥诗中识'焦坑'，风味官焙可抗衡。钻⑦余权倖亦及我，十辈⑧遣前公试烹。"时总得偶病，此诗俾其子代书，后误刊在《于湖集》⑨中。"焦坑"产庾岭下，味苦硬，久方回甘。"浮石已干霜后水，焦坑新试雨前茶"，坡南迁回，至章贡⑩显圣寺诗也。后屡得之，初非精品，特彼人自以为重，"包裹钻权倖"，亦岂能望"建溪"之胜！

《清波杂志》

【注释】

①周辉（1127～?）：字昭礼，泰州（今江苏泰州）人，处士，一生未仕，晚年定居杭州，写作《清波杂志》十二卷，《清波别志》三卷，记载宋人杂事，很有价值。

②张晋彦：张祁，字晋彦，号总得居士。

③内家：宫廷。

④调元：执掌大权，多指宰相一级的重臣。

⑤荐：祭献。

⑥《仇池》：指《仇池笔记》，署名苏轼，一般认为是好事者集

合苏轼作品而成。

⑦钻：钻营。

⑧十辈：同类的什物。

⑨《于湖集》：作者是南宋的张孝祥，字国安，是张晋彦的儿子。

⑩章贡：江西境内的两条河。

【赏读】

江西的庾岭一带出产一种好茶，名为焦坑茶。滋味苦硬，却很耐品咂，回甘长久，是一种有特点的好茶。

周辉的长辈曾经向朋友张祁讨要一些好茶，张祁很痛快地寄来焦坑茶，还附有两首小诗。从诗句判断，焦坑茶是张祁家乡的茶山的产物。张祁认为此茶可以与顶级的贡品茶相媲美。

焦坑茶的成名，与北宋苏轼有些关系。当年苏轼路过江西显圣寺，尝过焦坑茶，写下一首《留题显圣寺》，其中有"浮石已干霜后水，焦坑新试雨前茶"的诗句。默默无闻、又苦又硬的焦坑茶由此成名，成为一种礼品茶，被官员们拿去结交权贵，摇身变成抢手货，身价大涨，普通的爱茶、识茶者，反而轻易喝不到了。

东坡偶然留妙语，焦坑从此贵新茶，名人的号召力在此显露无遗。

《次韵黄文叔①正言送日铸茶》 序　楼钥②

　　龙图正言年兄寄日铸贡品，且以东坡诗中"妖邪③""奴隶"等语为病，使为直④之。既与佳客品尝，比平日所得者绝不同，仰叹鉴赏之精也。细观坡公《和钱安道寄惠建茶》诗，一时和韵，反为双井所牵。后在北方《和蒋夔寄茶》则云："沙溪北苑强分别，水脚一线争谁先。"又云："老妻稚子不知爱，一半已入姜盐煎。人生所遇无不可，南北嗜好知谁贤。死生祸福久不择，更论甘苦争媸妍。"则是此老初亦无定论，似不必深较。辄次前韵，聊为日铸解嘲，以资一笑。

《攻媿集》

【注释】

　　①次韵：依照前诗之韵做诗。黄文叔：黄度，字文叔，进士，曾经担任过右正言一职，晚年为龙图阁学士。

　　②楼钥（1137～1213）：字大防，自号攻媿主人，明州鄞县（今浙江宁波）人，进士，担任过温州乐清县令、起居郎兼中书舍人、吏部尚书。有《攻媿集》等著作，文辞精博。

　　③妖邪：苏轼在《和钱安道寄惠建茶》一诗中，细数自己喝过的各地名茶，大赞建茶，对包括日铸茶在内的浙江茶不以为然。他的诗中有"草茶无赖空有名，高者妖邪次顽懭"和"秕糠团凤友小

龙，奴隶日铸臣双井"等句。

④直：改正，恢复名誉。

【赏读】

宋代的贡茶，当然不止北苑的团茶，其他地方的奇品茶也会贡入宫中，这当中就包括日铸茶。

楼钥的朋友黄度寄来一些日铸茶，请楼钥品尝。茶味极佳，让楼钥大为感叹。黄度在寄茶之外还提出一个请求，请楼钥评点一下苏轼的一首旧诗《和钱安道寄惠建茶》，看一看诗中对于日铸茶的评点是否得当。

苏轼的诗中大力推崇建茶，尤其是其中的极品小龙团，认为与小龙团相比，过去的龙团、凤团都是糟糠，名声响亮的日铸茶只能算是卑贱的奴隶，双井茶也只是臣下，草茶是妖邪。苏轼笔头痛快，但也预料到自己的这一番评点会引起反弹，所以诗的最后一句写道："此诗有味君勿传，空使时人怒生瘿。"

果然，现在黄度开始较真，为自己钟情的日铸茶鸣不平，写了一首诗，封装上一份优质的日铸茶，一起寄给楼钥。

楼钥品尝过好茶，在悠然的先贤与认真的朋友之间和稀泥，他认为苏轼写诗，为了配合韵脚，才有"奴隶日铸臣双井"一句，日铸茶显然是受了双井茶的连累。苏轼只是那么一说，读者不必当真。

然后，楼钥题写一首和诗，其中解劝道："坡翁立论亦疲当，一贬一褒何太猛。北苑固为天下最，未必余茶尽邪懀。"试图以此来安慰一下认真的朋友。

黄度应该是一个茶痴，钟爱日铸茶，才会为它打抱不平。他的认真，让楼钥意外获得品尝日铸茶的好机会。有口福的人，从来就是这么幸运。

建品贡① 罗大经②

陆羽《茶经》、裴汶《茶述》皆不载建品。唐末，然后北苑出焉。本朝开宝间，始命造龙团，以别庶品。厥后丁晋公漕闽，乃载之《茶录》。蔡忠惠③又造小龙团以进，东坡诗云："武夷溪边粟粒芽，前丁后蔡相笼加。""吾君所乏岂此物，致养口体④何陋耶?"

茶之为物，涤昏雪滞，于务学勤政，未必无助。其与进荔枝、桃花者不同，然充类⑤至义，则亦宦官、宫妾之爱君也。忠惠直道高名，与范、欧相亚⑥，而进茶一事，乃侪晋公，君子之举措，可不谨哉!

《鹤林玉露》

【注释】

①标题为编者拟。

②罗大经（1195～?）：字景纶，庐陵（今江西吉水）人，南宋理宗宝庆年间考中进士，曾经在岭南做过官。所著《鹤林玉露》，体例在诗话和语录之间，详于议论，略于考证，持论公允。

③蔡忠惠：即蔡襄，谥"忠惠"。

④口体：口腹。

⑤充类：推类，类推。

⑥范、欧：范仲淹、欧阳修。相亚：相当，近似。

【赏读】

罗大经认为，北苑茶出现在唐代末期，而宋太祖晚期开始制造龙团。丁谓担任福建转运使时开始监造龙凤团，随后，蔡襄进一步造出小龙团。

对此，苏轼不以为然，认为种茶挤占了土地，影响了粮食生产，而且制茶上精益求精，给当地百姓带来了沉重的负担。

据说，欧阳修听说蔡襄进献小龙团，很吃惊地说："君谟，士人也，何至作此事！"从中可以看出他的否定态度。

尽管罗大经也认为，贡茶与贡荔枝、贡桃花有所不同，茶可以提振精神，帮助君臣勤政务学，总是有些益处。不过，主动制造小龙团，毕竟有损蔡襄的清名，让他沦为丁谓一样的人物，无法再与范仲淹、欧阳修比肩。

进茶 周密^①

　　仲春上旬，福建漕司进第一纲^②蜡茶，名"北苑试新"。皆方寸小銙。进御止百銙，护以黄罗软盝^③，藉以青箬，裹以黄罗夹复，臣封朱印，外用朱漆小匣，镀金锁，又以细竹丝织笈贮之，凡数重。此乃雀舌水芽所造，一銙之值四十万，仅可供数瓯之啜耳。或以一二赐外邸，则以生线分解，转遗好事，以为奇玩。茶之初进御也，翰林司例有品尝之费，皆漕司邸吏赂之。间不满欲，则入盐少许，茗花为之散漫，而味亦漓^④矣。禁中大庆会，则用大镀金^⑤，以五色韵果簇钉^⑥龙凤，谓之"绣茶"，不过悦目。亦有专其工者，外人罕知，因附见于此。

《武林旧事》

【注释】

　　①周密（1232～1298）：字公谨，号草窗，自号四水潜夫、弁阳老人，曾自署齐人、华不住山人，是南宋著名的文学家。周密祖上为济南人，曾祖跟随宋高宗南渡，定居湖州，做过义乌令，宋亡不仕，专心著述。周密也曾经流寓杭州癸辛街，代表作有《齐东野语》《武林旧事》《癸辛杂识》等。

　　②纲：一批货物的总称。

　　③盝（lù）：竹箱，小匣。

④漓：稀薄。

⑤瓷：一种扁形瓯。

⑥饤：看食，陈设的食品。

【赏读】

每年春天，北苑送进宫中的第一批茶，名为"北苑试新"。茶饼做成小巧的方形小铸，一个批次的小铸只有一百块左右，精选茶芽，包装奢华，每块价值四十万钱，却冲泡不了多少茶汤。北宋晚期的贡品密云龙之类的团茶早已经淘汰。

宋代宫中每逢重大庆典，君臣集会，皇帝总要赐茶，这时候用到的必定是顶级的好茶。

按照《格古要论》的说法，宋代人使用的茶盏大多是敞口，颜色黑而滋润，并有黄兔毫斑，而且胎体很厚。皇家宴会上喝茶使用的碗盏又有所不同，苏东坡有一句诗："病贪赐茗浮铜叶，老怯香泉滟宝樽。"所谓"浮铜叶"，即是釉面上的一种黄褐色，也许与黄兔毫斑意思差不多。

按照《演繁录》的说法，到了南宋，皇家宴会所用茶具又有变化，不用建盏，而用大汤瓷，是一种扁形的碗盏，颜色正白。这不是多么稀罕的一种茶具，北宋的邵雍在一首《小车吟》中就写道："自从三度绝韦编，不读书来十二年。大瓷子中消白日，小车儿上看青天。"

到了周密所在的南宋晚期，宴会上用的是一种镀金的大瓷，旁边有果食相配，另外还摆着一些漂亮的看盘，很好看。宋代人的宴会很讲究，喝茶的时候，排场也不含糊。

普茶 谢肇淛①

　　滇苦无茗，非其地不产也，土人不得采取制造之方，即成而不知烹瀹之节，犹无茗也。昆明之泰华②，其雷声初动者，色香不下松萝，但揉不匀细耳。点苍③感通寺之产过之，值亦不廉。士庶所用，皆普茶也。蒸而成团，瀹作草气，差胜饮水耳。

《滇略》

【注释】

　　①谢肇淛（1567～1624）：字在杭，长乐（今福建长乐）人，万历年间进士，官至广西右布政使，有《五杂组》等著作。在云南任职时，谢肇淛写下《滇略》，从山川、物产、风物等十个方面详述当地风貌，记诵博洽，引据有征，叙述有法，文字雅洁。

　　②泰华：也写作"太华"，太华山在云南府西。

　　③点苍：点苍山。

【赏读】

　　云南有许多野生的茶树，茶的品种很多，品质优异，但在明代影响不大，所以谢肇淛说"滇苦无茗"。

　　谢肇淛的时代，普洱茶还只是茶，还只是普通人喝的普通茶，普茶这个名字很恰当。

　　到了清代初期，这一点已经有了很大的改变。清代康熙年间修撰、雍正年间增修的《云南通志》中记录了云南本地的名茶，比如产于太华山的太华茶，色如松萝。大理府点苍山感通寺出产的感通茶，名气也很大，价格都很昂贵。

　　真正有云南特色的是普洱茶，产在元江府的普洱山，"性温味香"。另一种永昌府出产的儿茶，和普洱茶一样，制成茶团，但这些茶团味道欠佳，产量大，价格低，饮者众多。

　　比如雍正六年，云南提督郝玉麟在一份奏折中说："茶山地方甚属辽阔，每年所产普茶不下百万余斤。"显然是指只重产量的一种大路货，不是精品茶，是普通茶。

味疑① 王士性②

虎丘天池茶今为海内第一。余观茶品固佳，然以人事胜，其采揉焙封法度，锱两不爽③，即吾台大盘④不在天池下，而为作手⑤不佳，真汁皆揉而去，故焙出色味不及彼，又多用纸封，而苏人又谓纸收茶气，咸盛以磁罐，其贵重之如此。

余入滇，饮太华茶，亦天池亚，又啜蜀凌云，清馥不减也。然鸿渐《茶经》乃云："浙西以湖州上，常州次，宣州、杭州、睦州、歙州下，润州、苏州又下；浙东以越州上，明州、婺州次，台州下；剑南以彭州上，绵州、蜀州次，邛州次，雅州、泸州下，眉州、汉州又下，而不及嘉与滇。"岂山川清淑之气钟之物者故与时异耶？

《广志绎》

【注释】

①标题为编者拟。

②王士性（1547～1598）：字恒叔，号太初，又号元白道人，临海（今浙江省临海市）人，万历年间进士，官至南京鸿胪寺卿。存世著作有《广志绎》等，《广志绎》记载各地山川险易、民风物产，巨细兼载，类似说部。

③锱两不爽：不差分毫。锱，很小的重量单位，四锱为一两。

④吾台大盘：浙江的天台山、大盘山。

⑤作手：制作的手法，制作者。

【赏读】

王士性是他那个时代中少有的无视芥茶的人，他把苏州产的天池茶推为第一，并且认为浙江天台、大盘的茶都与天池茶不相上下，只是焙制的环节不如虎丘茶、天池茶那么讲究。

张大复对天台山云雾茶的评价与王士性的说法差不多，说云雾茶有豆花香气，只是茶力稍弱，整体上介于天池茶和虎丘茶之间，而且有一个难得的优点，就是知名度不高，也就没有假冒货。

王士性强调焙制手法对于茶叶品质的影响，颇有道理。他又引用《茶经》的说法，为虎丘、天池茶等茶抱不平。

天地山川的清和之气，对万物的哺育千古不变。王士性对此生出疑问，他忘记了一点：那就是人的作用。他喝到的天池茶、虎丘茶，与陆羽喝到的，味道必定差别极大。因为时间过去了几百年，茶种没变，但焙制的方法可能已经发生了根本的改变，茶味当然不一样。

竹懒茶衡[①] 李日华

竹懒《茶衡》曰：处处茶皆有自然胜处，未暇悉品，姑据近道御者：

虎丘气芳而味薄，乍入盏，菁英浮动，鼻端拂拂，如兰初坼，经喉吻亦快然，然必惠麓水，甘醇足佐其寡。

龙井味极腆厚，色如淡金，气亦沉寂，而咀唼之久，鲜腴潮舌，又必借虎跑空寒熨齿之泉发之，然后饮者领隽永之滋，而无昏滞之恨耳。

天目清而不醨，苦而不涩，正堪与缁流漱涤。笋蕨、石濑则太寒俭，野人之饮耳。

松罗极精者，方堪入供，亦浓辣有余，甘芳不足，恰如多财贾人，纵复蕴藉，不免作蒜酪气。

顾渚，前朝名品，正以采摘初芽加之法制，所谓罄一亩之入，仅充半环[②]。取精之多，自然擅妙也。今碌碌诸叶茶中，无殊菜浒，何胜括目。

分水贡芽，出本不多，大叶老梗，泼之不动，入水煎成，番[③]有奇味。荐此茗时，如得千年松柏根作石鼎薰燎，乃足称其老气。

罗山庙后齐，精者亦芬芳，亦回甘，但嫌稍浓，乏云露清空之韵。以兄虎丘则有余，以父龙井则不足。

天池，通俗之才，无远韵，亦不致呕哕。寒月诸茶晦黯无色，而彼独翠绿媚人，可念也。

普陀老僧贻余小白岩茶一裹，叶有白茸，瀹之无色，徐饮觉凉透心腑。僧云：本岩岁止五六斤，专供大士④，僧得啜者寡矣。

《紫桃轩杂缀》

【注释】

①标题为编者拟。

②半环：半圆，半个茶团，形容数量之少。

③番：翻，反而。

④大士：菩萨，高僧。

【赏读】

茶衡，就是茶的品评和鉴别。李日华喝过的名茶不少，虎丘、龙井、天目、松罗、顾渚、罗岕、天池等等，所以他有资格点评。

李日华认为虎丘茶味寡，松罗茶味俗，他最喜欢的是龙井茶，认为它味厚鲜腴。李日华的时代，龙井茶已经出名，而且也有了赝品龙井，《快雪堂漫录》的作者冯梦祯住在西湖边，经常喝龙井茶，连他也不能分辨真假。万历年间进士徐桂认为真正的龙井茶"甘香而不冽"，喝起来"甘香若兰"。某一年冯梦祯和徐桂一起前往老龙井一带，分别从十几家山民手里购得龙井茶，依次冲点，结果徐桂认为全是假龙井茶。不过，当地的山民和僧人认为他们的龙井茶都是真的，徐桂所谓的真龙井茶是假的。

对于晚明最受推崇的岕茶，李日华的态度稍有保留，说精品的岕茶"以兄虎丘则有余，以父龙井则不足"。揣测他的意思，是认为界茶强于龙井茶和虎丘茶，但彼此之间的差距并不大。

普陀的老僧人把珍贵的小白岩茶送给李日华，冲泡之后茶汤透明无色。老僧人却不知道，李日华一直对白茶不以为然。当时人们认为无色之茶，也就是茶汤清白的茶最好，李日华在《六研斋笔记》中大批其荒谬，说："茶若无色，芳洌必减。"所以在喝过小白岩茶之后，李日华仅仅说了一句"觉凉透心腑"。如此吝惜文字，显示他真的不欣赏白茶，无论它多么稀罕。

这种无色的小白岩茶每年的产量只有五六斤，所以十分珍贵，"专供大士"。从前后的文字来判断，大士在这里指的是菩萨。也就是说，小白岩茶平时主要用来供祭菩萨。

钱谦益在《茶供说赠朱汝圭》一文中，劝说朱汝圭用茶作为祭品供奉佛祖，并且认为自己是第一个提出以茶供佛的人。显然，钱谦益没有读到李日华的这一段文字，不知道早有普陀僧人在这样做了。

虎丘茶^① *李日华*

　　虎丘以有芳无色，擅^②茗事之品。顾其馥郁不胜兰，止与新剥荳花同调，鼻之消受亦无几何。至于入口，澹于勺水。清冷之渊，何地不有？乃烦有司章程作僧流棰楚哉！

《六研斋笔记》

又

　　余方立论，排虎丘茗为有小芳而乏深味，不足傲睨松萝、龙井之上，乃闻虎丘僧尽拔其树，以一佣待命。盖厌苦官司之横索，而绝其本耳。余曰："快哉！此有血性比丘。"惟其眼底无尘，是以舌端具剑。

《六研斋笔记》

【注释】

　　①标题为编者拟。

　　②擅：压倒，胜过。

【赏读】

　　袁中道在一首《江干》诗中写道："杨柳发嫩绿，雨后益娟美。携有虎丘茶，并饶惠泉水。闻香不见色，齿牙风诩诩。此江获此乐，上有玄真子。"其中一句"闻香不见色",恰当点出虎丘茶的特点,一是茶汤无色,二是茶香浓芳。

虎丘茶的茶汤清白,李日华对此一直耿耿于怀,而且认为虎丘茶味淡,有豆花香气,只能鼻嗅,难以口尝,似乎不应该享有如此盛名,不应该位在龙井茶和松萝茶之上。

按照《快雪堂漫录》的说法,明末学者毛晋对虎丘茶的色白、豆香大为赞赏,认为真正的虎丘茶"叶微带黑,不甚青翠,点之色白如玉,而作寒豆香",如果色中带绿,就是天池茶假冒的。

虎丘茶的名气大,产量少,官府要拿它逢迎上司,总是尽可能多地索要。茶树为当地的寺院所有,官府的贪欲没有满足,就用刑罚处治寺院的僧人,这一点尤其让李日华感觉荒唐。

僧人们忍受不了官府的逼迫,一怒之下,把虎丘茶树全部拔掉,李日华拍手称快,认为僧人们有血性。

不过,从《快雪堂漫录》的记载来看,虎丘寺的僧人们依靠虎丘茶赚了不少钱。徐桂精通品鉴,最爱虎丘茶,能以一两银子一斤的价格,从僧人手里买到真正的虎丘茶,因为他懂茶,僧人不敢欺骗他。别人出了更高的价格,从僧人那里买到的却是假虎丘茶。

僧人们拔掉茶树之后,虎丘茶彻底绝种,后人难以领略这种名声响亮、"小有芳而乏深味"的虎丘茶了,很可惜。

云雾茶 　张大复

　　洞十从天台^①来，以云雾茶见投^②。亟煮惠水泼之，勃勃有豆花气，而力韵微怯，若不胜水者。故是天池之兄，虎丘之仲耳。然世莫能知，岂山深地迥^③，绝无好事者赏识耶？洞十云："他山焙茶多夹杂，此独无有。"果然，即不见知^④，何患乎？夫使有好事者，一日露其声价若他山，山僧竞起杂之矣。是故宝衰于知名，物敝于长价。

《梅花草堂笔谈》

【注释】

　　①洞十：当阳一读书人，性情流逸，后来放弃学业出家为僧。天台：在浙江省。

　　②投：赠送。

　　③迥：远，偏僻。

　　④见知：被人所知。

【赏读】

　　许多茶被称为云雾茶，张大复所说的是产于浙江天台山的云雾茶，属于绿茶。

　　张大复用惠山泉水冲泡云雾茶，尝出一股豆花香气，可惜茶韵稍弱。张大复因此认为，云雾茶应该排在虎丘茶和天池茶之间。

云雾茶最大的好处是品质纯正，喝起来放心，其中没有掺假。原因非常简单，它的名气还不够响亮，还没有成为抢手货。张大复如此说，大概在当时的江浙一带，云雾茶的名气不如当地茶。

宝衰于知名，物散于长价，从什么时候开始成为一条定律，已经无从查考，令人慨叹。

洞山茶 张大复

王祖玉①贻一时大彬壶，平平耳，而四维上下，虚空色色，可人意。今日盛洞山茶酌，已饮。倩郎②问此茶何似，答曰："似时彬壶。"予𪨊③然洗盏，更酌饮之。

《梅花草堂笔谈》

【注释】

①王祖玉：张大复的朋友。

②倩郎：《梅花草堂笔谈》中，张大复身边有石倩、三倩、倩郎，粗识文字，不知是否为同一个人。

③𪨊（chǎn）：笑貌。

【赏读】

张大复用朋友送的一只时大彬壶，泡上洞山茶，喝过之后别人问他茶味如何，张大复说："像时大彬的壶。"

拿时大彬的砂壶来形容洞山茶的茶味，新颖别致。张大复得到的那只壶，形状的种种细节都可以不论，它给张大复的感觉就是"可人意"。壶中冲泡的洞山茶，喝起来也是"可人意"，从这一点上看，二者真是相像。所以张大复也为自己这个绝妙的回答洋洋得意。

当年有人问苏轼荔枝的滋味像什么，苏轼回答说荔枝像江瑶柱，道理相同。这也就是现代人所谓的"通感"吧。

茶 张大复

　　松萝之香馥馥，庙后之味闲闲。顾渚扑人鼻孔，齿颊都异，久而不忘。然其妙在造①，凡宇内道地之产，性相近也，习相远也。吾深夜被酒，发张震封所贻②顾渚，连啜而醒，书此。

《梅花草堂笔谈》

【注释】

　　①造：制作的方法、过程。

　　②发：打开。贻：赠给。

【赏读】

　　张大复嗜茶嗜酒，是一个很会享受的人。深夜酒醉，泡一壶顾渚茶来醒酒，其实是有些糟蹋了好茶——饮酒必然吃菜，咸、辣、甜、酸，种种滋味残留在舌尖口中，兼之酒后头脑昏涨，情绪狂妄，所以"连啜"，所以清醒而不知茶味。

　　茶可以用来醒酒，但拿顾渚茶、庙后茶来醒酒，是暴殄天物。

　　茶味的甘香，要在宁静的心态之下才能最真切地体会到。也因此，读书、会友之时，其实也不是品茶的最佳时刻。

秋叶　张大复

　　饮茶故富贵事，茶出富贵人，政不必佳^①。何则？矜名者不旨其味，贵耳^②者不知其神，严重^③者不适其候。冯先生有言：此事如法书名画，玩器美人，不得着人手。辩则辩矣，先生尝自为之，不免白水消，何居^④？今日试堵^⑤先生所贻秋叶，色香与水相发，而味不全。民穷财尽，巧伪萌生。虽有卢仝、陆羽之好，此道未易恢复也。

　　甲子春三日。

《梅花草堂笔谈》

【注释】

　　①政不必佳：不必太好。政，同"正"。

　　②贵耳：相信传闻。

　　③严重：严肃稳重。地位高。

　　④何居：何故。

　　⑤堵：堵嘴，这里指饮茶。

【赏读】

　　冯先生送给张大复一些秋茶，张大复尝过，汤色与茶香都还不错，只是茶味不全。张大复因此认为，冯先生是被茶农或者茶商欺骗了。

偏偏冯先生此前还爱说嘴，说什么茶事如同名画、法帖、古董、美人，必须亲见亲为，不得转托他人，结果自己先买了假茶。

茶农和茶贩要想欺骗读书人，手段太多。好事者为了喝到正宗的芥茶，亲自跑到山中茶园，雇人采茶焙茶，尚且免不了被人调包。

民穷财尽，世风不正，这种事自然常见。最好的应对办法，是重质不重名，避开名茶，去发现那些好的普通茶。

天池茶 张大复

　　夏初天池茶，都不能三四碗。寒夜泼之，觉有新兴，岂厌常之习，某所不免耶？将岕之不足，觉池之有余乎？或笑某："子有岕癖，当不然，癖者岂有二嗜欤？"某曰："如君言，则曾西[①]以羊枣作脍，屈到取芰[②]而饮之也。孤山处士[③]妻梅子鹤，可谓嗜矣。道经武陵溪，酌桃花水，一笑何伤乎？"

《梅花草堂笔谈》

【注释】

　　①曾西：就是曾皙。曾皙喜欢吃羊枣，他死之后，儿子曾子怀念父亲，不忍心再吃羊枣。

　　②屈到：人名，很喜欢吃芰，生病时叮嘱亲属，将来祭祀他时，一定要使用芰。芰：菱，菱角。

　　③孤山处士：北宋诗人林逋，杭州人，性格恬淡，在西湖的孤山结庐而居，二十年不入城市。

【赏读】

　　张大复最嗜好岕茶，但这并不妨碍他喜欢别的茶，比如在夏天他也会喝天池茶，最多可以喝到三四盏。冬天的寒夜，偶尔泡上一壶天池茶，感觉也新鲜别致。

在茶事上，张大复与李日华有许多相似的地方。李日华曾经评价天池茶是"通俗之才，无远韵"，也就是滋味平常。但它有一个好处，存放过一段时间之后，茶色依然鲜绿。

这样的优点在江南阴冷的冬天格外可贵，李日华说天池茶"寒月诸茶晦黯无色，而彼独翠绿媚人"，显然，他和张大复一样，在冬夜里喜欢喝一喝这种颜色可人的天池茶。

张大复的文字，是典型的晚明风格，柔滑跳跃。相对而言，李日华的文字更老实一些。

论茶品 高濂

茶之产于天下多矣！若剑南①有蒙顶、石花，湖州有顾渚、紫笋，峡州②有碧涧、明月，邛州③有火井、思安，渠江有薄片，巴东④有真香，福州有柏岩，洪州有白露，常⑤之阳羡，婺⑥之举岩，丫山⑦之阳坡，龙安之骑火⑧，黔阳之都濡高株⑨，泸川⑩之纳溪、梅岭。之数者，其名皆著。品第之，则石花最上，紫笋次之，又次则碧涧、明月之类是也，惜皆不可致耳。

若近时虎丘山茶，亦可称奇，惜不多得。若天池茶，在谷雨前收细芽，炒得法者，青翠芳馨，嗅亦消渴。若真芥茶，其价甚重，两倍天池，惜乎难得，须用自己令人采收方妙。又如浙之六安，茶品亦精，但不善炒，不能发香而色苦，茶之本性实佳。

如杭之龙泓（即龙井也），茶真者，天池不能及也。山中仅有一二家，炒法甚精。近有山僧焙者亦妙，但出龙井者方妙。而龙井之山，不过十数亩，外此有茶，似皆不及，附近假充，犹之可也。至于北山西溪，俱充龙井，即杭人识龙井茶味者亦少，以乱真多耳。意者，天开龙井美泉，山灵特生佳茗以副之耳。不得其远者，当以天池、龙井为最。外此，天竺灵隐为龙井之次。

临安、于潜生于天目山者，与舒州同，亦次品也。茶自浙以北皆较胜，惟闽广以南，不惟水不可轻饮，而茶亦宜慎。昔鸿渐未详岭南诸茶，乃云岭南茶味极佳，孰如岭南之地多瘴疠之气，染着草木，北人食之，多致成疾，故当慎之。要当采时，待其日出山霁，雾障山岚收净，采之可也。

茶团茶片皆出碾硙，大失真味。茶以日晒者佳甚，青翠香洁，更胜火炒多矣。

《遵生八笺》

【注释】

①剑南：四川境内。

②峡州：三峡一带。

③邛州：四川境内，渠江也在四川。

④巴东：在湖北。

⑤常：常州。

⑥婺：婺州，即浙江金华。

⑦丫山：在安徽芜湖。

⑧龙安之骑火：龙安是四川省安县。骑火茶，采茶不在火前，不在火后，称为骑火。

⑨黔阳之都濡高株：黔阳，今湖南省洪江市。都濡高株是当地名茶。

⑩泸川：四川泸州。

【赏读】

关于好茶，高濂的视野是非常开阔的，这一点与陆羽相似，却又比陆羽更具体、细致。

于是我们在《遵生八笺》中看到了一些陌生的名字，比如石花、碧涧、薄片、举岩、骑火、都濡高株、纳溪，等等。每一种茶各有优长，品质不凡，可惜当时的名气不大，等待被更多的人发现。

这些茶的另一个特点是产地相对偏远，寻常不容易见到。于是高濂收回视线，和别人一样，谈论罗岕，谈论虎丘、天池、六安这些大名鼎鼎的好茶。

问题在于，好茶之好，真正懂得的人并不多，原因很简单，这些佳茗往往产量稀少，喝过正品的人非常少。说杭州人不认识龙井茶，其实一点都不夸张。那些自认为了解龙井茶的人，也许一直喝的是假龙井。

虎丘、天池　文震亨

虎丘，最号精绝，为天下冠。惜不多产，又为官司所据，寂寞山家，得一壶两壶，便为奇品，然其味实亚于岕。

天池，出龙池①一带者佳，出南山一带者最早，微带草气。

岕

岕，浙之长兴者佳，价亦甚高，今所最重。荆溪②稍下。采茶不必太细，细则芽初萌，而味欠足。不必太青，青则茶已老，而味欠嫩。惟成梗蒂，叶绿色而圆厚者为上。不宜以日晒，炭火焙过，扇冷，以箬叶衬罂贮高处，盖茶最喜温燥，而忌冷湿也。

松萝

十数亩外，皆非真松萝茶，山中仅有一二家炒法甚精，近有山僧手焙者，更妙。真者在洞山之下，天池之上，新安③人最重之。南都曲中④亦尚此，以易于烹煮，且香烈故耳。

《长物志》

【注释】

①龙池：山名，又称"隆池"。

②荆溪：水名，在江苏省境内。

③新安：地名，在安徽省境内。

④南都曲中：南京的妓乐之所。

【赏读】

每一位品鉴者的心中都有一份茶品排行榜，文震亨当然也是如此。梳理一下，在文震亨的榜单中，芥茶第一，虎丘第二，松萝第三，天池在后。但文震亨只简单地说天池茶微带草气，虎丘茶精绝，松萝茶香烈，再没有更细致的品评。

名贵之茶总是产量稀少。比起宋代的双井、芥茶中的庙后，十亩多的松萝算得上产量富足。不过，好的茶芽还需要精细的焙制手法，所以在松萝茶中还有"真松萝茶"，能够焙制出这种茶的，只有一两家。当然，和许多名茶一样，由当地僧人手工焙制的松萝茶，最是精妙。

好茶还须有人识。芥茶的茶形不好，看起来叶大、梗多，不像是好茶，有些外行因此闹出笑话。《快雪堂漫录》记载，李攀龙担任浙江按察副使时，长兴人徐中行送给他一点精品的芥茶。后来两个人相遇，徐中行问起芥茶的滋味，李攀龙说他把那些茶赏给仆役喝了。

李攀龙是山东历城人，和徐中行一样是嘉靖年间的进士，两个人关系不错，同属一个诗社。徐中行好心好意，无奈北方来的李攀龙不识货，以为那些芥茶只是平常之物，留下笑话一桩。

庙后茶　陈贞慧[①]

阳羡[②]茶数种，岕[③]为最。岕数种，庙后为最。庙后方不能亩，外郡人亦争言之矣，然杂以他茶试之，不辨也。色香味三淡，初得口，泊如[④]耳。有间，甘入喉；有间，静入心脾；有间，清入骨。嗟乎！淡者，道也。虽吾邑士大夫家，知此者可屈指焉。

《秋园杂佩》

【注释】

①陈贞慧（1604～1656）：字定生，江苏宜兴人，复社成员，与冒襄、侯方域、方以智合称明末四公子。陈贞慧是明末清初文学家，著有《皇明语林》《过江七事》《秋园杂佩》等。

②阳羡：在江苏宜兴。

③岕：两山之间，也是山名。这里指岕茶。

④泊如：淡泊。

【赏读】

陈贞慧的父亲陈于廷是万历年间进士，担任过御史、吏部尚书、南京右都御史等职务，家境优渥。陈贞慧在这样的环境中长大，早年的生活潇洒尽兴。

　　明朝的败亡对陈贞慧的打击极大，生活发生了巨大的变化，所以他埋身土室，不入城市十余年。

　　顺治五年秋天，陈贞慧来到一个名叫亳村的地方。此时陈贞慧正在生病，这里的条件又不好，"败甀颓铛，时煎恶草"，说明陈贞慧在这里喝到的茶很低劣。劣茶在手，不禁让他怀想曾经喝过的上等芥茶，所以陈贞慧开篇写的就是茶中极品庙后茶。写它的淡，它的清，它的静，它的甘，总归起来就是它的好，无可比拟的好，难以再得的好。

　　一句俗语用在这里最恰当：失去的、得不到的，总是最好。

兰雪茶 张岱

　　日铸①者，越王铸剑地也。茶味棱棱，有金石之气。欧阳永叔曰："两浙之茶，日铸第一。"王龟龄②曰："龙山瑞草，日铸雪芽③。"日铸名起此。京师茶客，有茶则至，意不在雪芽也。而雪芽利之，一如京茶式，不敢独异。

　　三峨叔④知松萝焙法，取瑞草试之，香扑冽。余曰："瑞草固佳，汉武帝食露盘，无补多欲；日铸茶薮⑤，'牛虽瘠偾于豚上⑥'也。"遂募歙人入日铸。扚⑦法、掐法、挪法、撒法、扇法、炒法、焙法、藏法，一如松萝。他泉瀹之，香气不出，煮禊泉，投以小罐，则香太浓郁。杂入茉莉，再三较量，用敞口瓷瓯淡放之，候其冷；以旋滚汤冲泻之，色如竹箨⑧方解，绿粉初匀；又如山窗初曙，透纸黎光。取清妃白，倾向素瓷，真如百茎素兰同雪涛并泻也。雪芽得其色矣，未得其气，余戏呼之"兰雪"。四五年后，"兰雪茶"一哄如市焉。越之好事者不食松萝，止食兰雪。兰雪则食，以松萝而篡兰雪者亦食，盖松萝贬声价俯就兰雪，从俗也。乃近日徽歙间松萝亦名兰雪，向以松萝名者，封面系换，则又奇矣。

　　　　　　　　　　　　　　　　　　　　《陶庵梦忆》

【注释】

①日铸：日铸山在绍兴（会稽）东南五十多里处。

②王龟龄：王十朋，字龟龄，宋代人。

③龙山瑞草，日铸雪芽：王十朋的《会稽风俗赋》中有"日铸雪芽，卧龙瑞草"之句。卧龙山也出产好茶。

④三峨叔：张岱的三叔张炳芳，号三峨。

⑤薮：聚集之处。

⑥"牛虽"句：《左传》中句，原为"牛虽瘠，偾于豚上，其畏不死"。偾（fèn），僵，仆。

⑦扚（dí）：用手掐，按。

⑧箨（tuò）：竹笋外面的皮。

【赏读】

日铸茶名声响亮，喝起来有金石之气。大概是喝厌了传统的日铸茶，张岱的三叔张炳芳要做一点改造，创制新茶。

张炳芳从小就是一个机警、不安分的人，长大以后给人做师爷，替自己捞了不少钱，回到家乡盖起漂亮的大宅子。明熹宗年间，张炳芳一个人去了北京，不知道通过什么门路，混了一个内阁秘书，游走于权贵之间，势焰煊赫。这样一个善于变通的张炳芳，花钱请来安徽的一些茶人，借用松萝茶的一整套焙制方法，使用的是日铸山所产的茶芽，炒制出来的新茶自然别具一格，香气浓郁。

张岱也参与了这个创造的过程，叔侄二人反复比较，发现必须用禊泉水冲泡这种新茶，才能激发它的香气。冲泡时，最好在茶碗中放一点茉莉花，加入新开之水，茶汤的颜色"绿粉初匀""如山窗初曙，透纸黎光"。

张岱把这种新茶命名为"兰雪茶"，几年之后便在绍兴本地流传开来。以后兰雪茶慢慢传到了松萝茶的原产地，一些松萝茶竟然也换用兰雪茶的包装来售卖，也算是一件荒诞事。

其实张岱有些夸张了，兰雪茶的影响并没有那么大，张岱自己就把这种茶的局限性道了出来，那就是：必须用绍兴当地的禊泉水才能激发出兰雪茶的香气，冲泡的环节也太苛刻，太复杂。更直接的证据是：除了张岱自己的著作，别处再没见到兰雪茶的踪影，其制法也没有留传下来，真正的好茶肯定不会这样。

蒙山茶① 王士禛②

蒙山，在名山县③西十五里，有五峰，最高者曰上清峰。其巅一石，大如数间屋。有茶七株生石上，无缝罅，云是甘露大师手植。每茶时叶生，智炬寺僧报有司往视，籍记叶之多少，采制才得数钱许。明时，贡京师仅一钱有奇。环石别有数十株，曰陪茶，则供藩府诸司而已。其旁有泉，恒用石覆之。味清妙，在惠泉之上。

《陇蜀余闻》

【注释】

①标题为编者拟。

②王士禛（1634～1711）：字子真，又字贻上，号阮亭，晚年又号渔洋山人，新城（山东淄博）人。顺治年间考中进士，做过礼部主事、左都御史、刑部尚书等，有《居易录》《池北偶谈》《分甘余话》《古夫于亭杂录》等著作存世。

③名山县：四川境内。

【赏读】

蒙山茶在唐代就成为贡品茶，白居易最喜欢，在一首《琴茶》诗中写道："琴里知闻唯《渌水》，茶中故旧是蒙山。"

　　白居易在诗中几次提到的蜀茶，很可能也是珍贵的蒙山茶，比如《萧员外寄新蜀茶》："蜀茶寄到但惊新，渭水煎来始觉珍。满瓯似乳堪持玩，况是春深酒渴人。"

　　另一首《谢李六郎中寄新蜀茶》："故情周匝向交亲，新茗分张及病身。红纸一封书后信，绿芽十片火前春。汤添勺水煎鱼眼，末下刀圭搅曲尘。不寄他人先寄我，应缘我是别茶人。"

　　蒙山顶上的七棵茶树，每年产茶不到一两，产量少得出奇，所以官府要把茶芽的数量记录在案。

　　且不论这种茶的品质如何，如此稀少的茶叶，能够享用它就是一种特权。所以要贡进京城，哪怕只有一钱。所以还要进献官府，哪怕只是所谓的"陪茶"。

　　和许多珍稀名茶一样，蒙山茶附近也有寺院，也有佳泉，这些似乎是名茶必备的附件。

碧螺春 　王应奎①

　　洞庭东山碧螺峰石壁产野茶数株，每岁土人持竹筐采归，以供日用，历数十年如是，未见其异也。康熙某年，按候以采，而其叶较多，筐不胜贮，因置怀间，茶得热气，异香忽发，采茶者争呼"吓杀人香"。"吓杀人"者，吴中方言也，因遂以名是茶云。自是以后，每值采茶，土人男女长幼务必沐浴更衣，尽室而往，贮不用筐，悉置怀间。而土人朱元正，独精制法，出自其家，尤称妙品，每斤价值三两。己卯②岁，车驾幸太湖，宋公③购此茶以进，上以其名不雅，题之曰"碧螺春"。自是地方大吏岁必采办，而售者往往以伪乱真。元正没，制法不传，即真者亦不及曩时矣！

《柳南随笔》

【注释】

　　①王应奎（1683～约1760）：字东溆，号柳南，江苏常熟人。王应奎藏书万卷，早有诗名，可惜科举屡试不中，隐居在距离县城四十里的水滨，闭门不出，专心读书著述。著有《柳南随笔》《续笔》等，有"谈苑之质的，艺文之标准"。

　　②己卯：康熙三十八年，康熙皇帝第三次南巡。

　　③宋公：宋荦，当时担任江苏巡抚。

【赏读】

一款名茶的来历，一个不错的故事，可惜只是小说家言，经不起推敲。

产于洞庭湖边碧螺峰的一种茶，此前一直默默无闻，只为当地人采摘饮用。在不经意间，当地人发现一种催发茶香的独特方法，并给此茶起了一个独特的名字，从此身价倍增。后来由康熙皇帝赐了一个"碧螺春"的名字，名扬天下。

实际上，"吓杀人"和"碧螺春"这两个名字在更早的文献中已经出现，《随见录》中说："洞庭山有茶，微似芥而细，味甚甘香，俗呼为'吓杀人'，产碧螺峰者尤佳，名碧螺春。"《随见录》似是明代的一种笔记，现在难以找到。这则记录还说明，"吓杀人"这种茶的产地在太湖洞庭山一带，并不仅仅限于碧螺峰石壁上的几棵野茶树，只不过碧螺峰的茶比别处的品质更好一些。

清初文学家吴伟业在一首《如梦令》中写道："镇日莺愁燕懒，遍地落红谁管。睡起爇沉香，小饮碧螺春碗。帘卷，帘卷，一任柳丝风软。"这里的"碧螺春碗"是不是一碗碧螺春，值得研究。但吴伟业写到"碧螺"二字，并不是偶然的，他自己就到过碧螺峰，在当地一位友人的家中吃饭，并且品尝了当地的茶。在一首五言诗《查湾过友人饭》中他写道："碧螺峰下去，宛转得山家。橘市人沽酿，桑村客焙茶。"

康熙三十八年，也就是1699年，此时吴伟业已经死去二十多年。康熙皇帝到了太湖之滨，江苏巡抚宋荦献上当地的极品碧螺春，应该确有此事，至于康熙皇帝赐名，只怕是讹传。

一款名茶的诞生，首先要有好的质地，更要有恰当的焙制方法，而且要有一个吸引人的故事。

茶 袁枚[①]

欲治好茶，先藏好水。水求中泠、惠泉，人家中何能置驿而办？然天泉水、雪水，力能藏之。水新则味辣，陈则味甘。

尝尽天下之茶，以武夷山顶所生、冲开白色者为第一。然入贡尚不能多，况民间乎？其次，莫如龙井。清明前者，号"莲心"，太觉味淡，以多用为妙；雨前最好，一旗一枪，绿如碧玉。收法须用小纸包，每包四两放石灰坛中，过十日则换石灰，上用纸盖札住，否则气出而色味全变矣。烹时用武火[②]，用穿心罐，一滚便泡，滚久则水味变矣。停滚再泡，则叶浮矣。一泡便饮，用盖掩之，则味又变矣。此中消息[③]，间不容发也。山西裴中丞尝谓人曰："余昨日过随园，才吃一杯好茶。"呜呼！公，山西人也，能为此言！而我见士大夫生长杭州，一入宦场，便吃熬茶，其苦如药，其色如血。此不过肠肥脑满之人吃槟榔法也。俗矣！除吾乡龙井外，余以为可饮者，胪列于后。

武夷茶

余向不喜武夷茶，嫌其浓苦如饮药。然丙午[④]秋，余游武夷，到曼亭峰、天游寺诸处。僧道争以茶献，杯小如胡桃，壶小如香橼[⑤]，每斟无一两。上口不忍遽咽，先嗅其香，再试其味，徐徐咀嚼而体贴之。果然清芬扑鼻，舌有余甘。一杯之后，再试一二杯，令人释躁平矜，怡情悦性。始觉龙井虽清而味薄矣，阳羡虽佳而韵逊矣。颇有玉与水晶，品格不同之故。故武夷享天下盛名，真乃不忝⑥。且可以瀹至三次，而其味犹未尽。

龙井茶

杭州山茶，处处皆清，不过以龙井为最耳。每还乡上冢，见管坟人家送一杯茶，水清茶绿，富贵人所不能吃者也。

常州阳羡茶

阳羡茶，深碧色，形如雀舌，又如巨米。味较龙井略浓。

洞庭君山茶

洞庭君山⑦出茶，色味与龙井相同，叶微宽而绿过之，采撷最少。方毓川抚军曾惠两瓶，果然佳绝。后有送者，俱非真君山物矣。

此外如六安银针、毛尖、梅片、安化，概行黜落。

《随园食单》

【注释】

①袁枚（1716~1797）：字子才，号简斋，晚年又号随园老人、仓山居士，钱塘（今杭州）人，乾隆年间进士，做过几地知县。后来隐居南京，构造随园，赋诗著书，有《随园食单》《随园诗话》《小仓山房文集》《子不语》等著作。

②武火：大火，猛火。

③消息：变化，奥妙。

④丙午：乾隆五十一年。

⑤香橼：俗名佛手柑，可入药，大小与形状不定，袁枚这里说的应该是拳头大小。

⑥不忝：不愧，不辱。

⑦君山：又名湘山，在湖南洞庭湖边。

【赏读】

袁枚是杭州人，自然最青睐龙井茶。只是他笔墨随便，谈"莲心"味淡，谈雨前龙井颜色如碧，谈如何存放龙井茶、如何冲泡龙井茶，却对龙井茶的妙处一字不提。莫非他认为，天下人人都已经知道了龙井之味？

袁枚对自己烹茶的技艺很有自信，冲泡绿茶，水温水候的拿捏对茶汤滋味的形成很重要，"此中消息，间不容发"。

袁枚大谈龙井茶，其实他认为天下最好的茶是武夷山顶所产之白茶，只是那种茶太过珍贵，寻常人根本喝不到。袁枚发现武夷茶妙处的时间比较晚，算一下，他到武夷山游览的时候，大约七十岁，此前他一直喜欢的是龙井绿茶。

招待袁枚的是武夷山中的僧人，用当地的茶，煮的也是当地的水，小壶小盏，喝得小心珍重。于是袁枚品尝到了前所未有的一种茶香，"清芬扑鼻，舌有余甘"。在袁枚的叙述当中，"体贴"一词用得最好，显出舌头对茶汤的温存与留恋。

僧人是中国茶艺进步的重要推手，他们身居山中，与自然亲近，有足够多的时间与精力琢磨、培育和焙制新茶。由他们烹点的武夷茶，当然品质不同寻常。

如果品尝一种新茶之后，突然发现自己一直推崇的好茶的不足，说明此茶胜过以往诸茶。袁枚七十岁时才改变对武夷茶的成见，往悲观的方向去想，比较遗憾；往乐观的方向想，未尝不是一种幸运。

龙井茶、阳羡茶、君山茶，袁枚最爱的这些都是绿茶。每遇到一种好茶，他必定拿来与龙井茶做比较，比较茶形、颜色与茶味。看来，龙井茶被袁枚当作了一种标准，而且他很注重茶汤的颜色，喜欢清碧之色。

品尝过极品的武夷茶之后，袁枚的信念受到很大冲击，遗憾地得出结论："龙井虽清而味薄"，"阳羡虽佳而韵逊"。

工夫茶 俞蛟[①]

　　工夫茶，烹治之法，本诸陆羽《茶经》，而器具更为精致。炉形如截筒，高约一尺二三寸，以细白泥为之。壶出宜兴窑者最佳，圆体扁腹，努嘴曲柄，大者可受半升许。杯盘则花瓷居多，内外写山水人物，极工致，类非近代物。然无款志，制自何年，不能考也。炉及壶，盘各一，惟杯之数，则视客之多寡。杯小而盘如满月。此外尚有瓦铛[②]、棕垫、纸扇、竹夹，制皆朴雅。壶、盘与杯，旧而佳者，贵如拱璧，寻常舟中不易得也。

　　先将泉水贮铛，用细炭煎至初沸，投闽茶于壶内冲之。盖定，复遍浇其上，然后斟而细呷之，气味芳烈，较嚼梅花，更为清绝，非拇战[③]轰饮者得领其风味。余见万花主人于程江"月儿舟"中题《吃茶诗》云："宴罢归来月满阑，褪衣独坐兴阑珊。左家娇女风流甚，为我除烦煮凤团。""小鼎繁声逗响泉，篷窗夜静话联蝉。一杯细啜清于雪，不羡蒙山活火煎。"

　　蜀茶久不至矣，今舟中所尚者，惟武彝[④]。极佳者每斤需白镪[⑤]二枚。六篷船中食用之奢，可想见焉。

《潮嘉风月》

【注释】

　　①俞蛟（1751～?）：字清源，号梦厂（ān）居士，山阴（今浙江绍兴）人。著有《梦厂杂著》，内容丰富，是清代笔记小说的出

色之作，《潮嘉风月》是其中一部分。

②瓦铛：陶制的锅。

③拇战：猜拳。

④武彝：指武夷山。《太平寰宇记》中说，往昔曾经有神人武彝君居住在武夷山中。

⑤白锤：白银。

【赏读】

俞蛟的一本《潮嘉风月》，专写潮州曲部。当地的妓女营业的方式非常别致，乘坐一种六篷船，船形独特，昂首、巨腹、缩尾，前后一共五舱，布置精美紧凑。

她们平时待客的饮料就是工夫茶。工夫茶最早是武夷茶中的一个名贵品种，按照《随见录》的说法："岩茶北山者为上，南山者次之。南北两山又以所产之岩名为名，其最佳者名曰'工夫茶'，工夫之上又有小种，则以树名为名，每株不过数两，不可多得。"

梁章钜在《归田琐记》中说："即泉州、厦门人所讲工夫茶，号称名种者，实仅得小种也。"其实已经开始混淆茶品与饮茶方式了。

俞蛟笔下的工夫茶已经扩展为一种饮茶方式。俞蛟认为，潮州工夫茶的烹制方法是沿用了陆羽《茶经》中的方法，果真如此，这便是连接古今茶艺的难得的一条纽带。从俞蛟的记述来看，工夫茶的茶具数量不少，茶炉、茶壶、茶盏、茶夹、茶盘等等，制式古朴，品质精良，价格不菲。一条六篷船上的饮茶设备，比起一个讲究饮茶的官绅的茶室毫不逊色。

精心烹制的茶水，气味芳烈清绝，兼之环境清幽，茶具典雅，主人美貌。如此种种，六篷船上的一盏好茶当然价格高昂，不是谁都能享受得起。

品茶 梁章钜①

余侨寓浦城②，艰于得酒，而易于得茶。盖浦城本与武夷接壤，即浦产亦未尝不佳，而武夷焙法，实甲天下。浦茶之佳者，往往转运至武夷加焙，而其味较胜，其价亦顿增。

其实古人品茶，初不重武夷，亦不精焙法也。《画墁录》③云："有唐茶品，以阳羡为上供，建溪北苑不著也。贞元中，常衮为建州刺史，始蒸焙而研之，谓之研膏茶。丁晋公为福建转运使，始制为凤团。"今考北苑虽隶建州，然其名为凤凰山，其旁为壑源、沙溪，非武夷也。

东坡作《凤咮砚铭》有云："帝规武夷作茶囿，山为孤凤翔且嗅。"又作《荔支叹》云："君不见武夷溪边粟粒芽，前丁后蔡相笼加。"直以北苑之名凤凰山者为武夷。《渔隐丛话》辨之甚详，谓北苑自有一溪，南流至富沙城下，方与西来武夷溪水合流，东去剑浦。然又称武夷未尝有茶，则亦非是。按《武夷杂记》云："武夷茶赏自蔡君谟始，谓其过北苑龙团，周右父极抑之。盖缘山中不晓焙制法，一味计多徇利④之过。"是宋时武夷已非无茶，特焙法不佳，而世不甚贵尔。

元时始于武夷置场官二员，茶园百有二所，设焙局于四曲溪，今御茶园、喊山台其遗迹并存，沿至近日，则武夷之茶，不胫而走四方。且粤东岁运，番舶⑤通之外夷，而北苑之名遂泯矣。

武夷九曲之末为星村，鬻茶者骈集交易于此。多有贩他处所产，学其焙法，以赝充者，即武夷山下人，亦不能辨也。余尝再游武夷，信宿⑥天游观中，每与静参羽士⑦夜谈茶事。静参谓茶名有四等，茶品亦有四等，今城中州府官廨及豪富人家竞尚武夷茶，最著者曰花香，其由花香等而上者曰小种而已。山中则以小种为常品，其等而上者曰名种，此山以下所不可多得，即泉州、厦门人所讲工夫茶，号称名种者，实仅得小种也。又等而上之曰奇种，如雪梅、木瓜之类，即山中亦不可多得。大约茶树与梅花相近者，即引得梅花之味，与木瓜相近者，即引得木瓜之味，他可类推。

此亦必须山中之水，方能发其精英，阅时稍久，而其味亦即消退。三十六峰中，不过数峰有之，各寺观所藏，每种不能满一斤，用极小之锡瓶贮之，装在名种大瓶中间，遇贵客名流到山，始出少许，郑重瀹之。其用小瓶装赠者，亦题奇种，实皆名种，杂以木瓜、梅花等物，以助其香，非真奇种也。

至茶品之四等，一曰“香”，花香、小种之类皆有之。今之品茶者，以此为无上妙谛矣，不知等而上之则曰“清”，香而不清，犹凡品也。再等而上之则曰“甘”，清而不甘，则苦茗也。再等而上之则曰“活”，甘而不活，亦不过好茶而已。“活”之一字，须从舌本辨之，微乎微矣，然亦必瀹以山中之水，方能悟此消息。此等语，余屡为人述之，则皆闻所未闻者，且恐陆鸿渐《茶经》未曾梦及此矣。忆吾乡林越亭先生《武夷杂诗》中有句云：“他时诧朋辈，真饮玉浆回。"非身到山中，鲜不以为欺人语也。

《归田琐记》

【注释】

①梁章钜（1775～1849）：字闳中，又字茝林，号茝邻，晚号退庵，福建长乐县（今福建省长乐市）人，清代嘉庆年间进士，做过礼部主事、荆州知府、甘肃布政使、江苏巡抚等，著有《归田琐记》《浪迹丛谈》等。

②浦城：浦城县位于福建省北部。

③《画墁录》：作者是北宋张舜民。

④徇利：谋利，求利。

⑤番舶：外国商船。

⑥信宿：连住两夜。

⑦羽士：道士。

【赏读】

梁章钜一生仕途顺畅，身居高位，见多识广，又很讲究饮食之道，在茶品和水品上当然也颇有见识。

梁章钜曾经几上武夷山，品尝过顶级的武夷茶，他对武夷茶的梳理十分清晰，如此用心，源自他对武夷茶的真心喜好。

武夷山一直产茶，品质极佳，但是当地焙制的方法太差，导致武夷茶一直隐没在北苑贡茶的光芒之后。除了北苑出产的贡茶，宋代人熟悉的建茶主要是壑源、沙溪等地所产，对武夷茶没有概念，比如苏轼就曾经错把北苑的凤凰山当成了武夷山。直到元代武夷茶才开始被人们认识，官府在武夷山设置焙局，派驻官员，武夷茶名声大起。

梁章钜把武夷茶分为四等，按照品质从低到高的顺序排列，分别是花香、小种、名种和奇种。富贵人家最认可的是小种和花香两种，山中的制茶者却更青睐名种。最顶级的是奇种，一般会在茶树附近伴有木瓜、梅花等芳香树种，茶叶当中会含有这些外来的香气，自然天成，韵致幽深，不像花茶那种窨沁的香气一样浓烈。当然，这种奇种武夷茶的产量十分稀少，只在山中的佛院、道观中珍藏一些，每种也只有几两，寻常人就算找上门来，也很难喝到。

最好的武夷茶还要有下面四个特点，分别是香、清、甘和活。香而不清，只是凡品；清而不甘，则是苦茶；甘而不活，只能算为平常的好茶。比较玄妙的，是清和活，似乎很难用文字具体地描述。给梁章钜讲述这些知识的，这一次不是僧人，而是一位道士。

当然，要想体会到名种武夷茶、奇种武夷茶的美妙，体会到它们的香、清、甘、活，必须用武夷山中的泉水来冲泡，这符合陆羽的观点。在《归田琐记》中还有一段梁章钜谈水的文字，也提到了这一点："忆余尝再游武夷，在各山顶寺观中取上品者，以岩中瀑水烹之，其芳甘百倍于常时，固由茶佳，亦由泉胜也。"

卷三

水品

煎茶水记 张又新①

故刑部侍郎刘公讳伯刍②，于又新丈人行③也，为学精博，颇有风鉴④，称较水之与茶宜者，凡七等：扬子江南零水第一，无锡惠山寺石水⑤第二，苏州虎丘寺石水第三，丹阳县观音寺水第四，扬州大明寺水第五，吴松江水第六，淮水最下，第七。斯七水，余尝俱瓶于舟中，亲挹而比之，诚如其说也。

客有熟于两浙者，言搜访未尽，余尝志之。及刺⑥永嘉，过桐庐江，至严子濑⑦，溪色至清，水味甚冷。家人辈用陈黑坏茶泼之，皆至芳香。又以煎佳茶，不可名其鲜馥也，又愈于扬子南零殊远。及至永嘉，取仙岩瀑布用之，亦不下南零，以是知客之说诚哉信矣。夫显理鉴物，今之人信不逮⑧于古人，盖亦有古人所未知，而今人能知之者。

《煎茶水记》

【注释】

①张又新（生卒年不详）：字孔昭，深州陆泽人，唐宪宗元和年间考中进士，是李逢吉、李训的亲信，积极参与派系斗争，政治品德不佳，仕途起伏，先后做过左右补阙、江州刺史、申州刺史等职。除了少量诗作，张又新存世的文字只有这一卷《煎茶水记》。

②刘公讳伯刍：刘伯刍，字素芝，行为严谨，有风度，喜欢谈

笑。做过判官、右补阙、刑部侍郎等。

③丈人行：父辈，长辈。张又新的父亲做过工部侍郎，所以把刘伯刍称为长辈。

④风鉴：风度和见识。

⑤石水：泉水。

⑥刺：担任刺史。

⑦严子濑：也就是严陵濑，在浙江桐庐县境内。

⑧迨：及，达到。

【赏读】

什么样的水煎茶效果最佳？如果对各地的水加以比较，孰优孰劣？刑部侍郎刘伯刍根据自己的品水经验，制作了一个排行榜，入榜的一共有七种水，首推扬子江南零水，其次是惠山泉、虎丘泉。

这七种水张又新全都尝过，认为刘伯刍的评价是恰当的。不过，当时就有人指出这个排行榜遗漏了许多好水。

张又新在《煎茶水记》中又提到，唐宪宗元和九年，他与朋友们在荐福寺聚会，偶尔看到一篇《煮茶记》，其中提到一个水品的排行榜，据说是陆羽所拟。其中一共列出二十种水，第一名是庐山的康王谷水帘水，第二名依然是惠山泉，以下还有蕲州兰溪石下水、峡州虾蟆口水、虎丘寺泉水、庐山招贤寺潭水等，排在第二十位的是雪水。

陆羽的见识和经验都超过了刘伯刍，他的排行榜的内容更丰富、更全面，也体现出他一向的观点，即：山泉水最好，江水稍差，井水最劣。但北宋欧阳修曾经仔细拿《茶经》进行对照，认为张又新的第二份水榜与陆羽的观点不合，"其言难信，颇疑非羽之说"。《四库全书》也认为，这一份排行榜并非出自陆羽，是张又新借助陆羽的名气，推广自己的观点。

刘伯刍、陆羽（或者说张又新）的两个排行榜对后世的影响很大，许多人拿自己中意的井水泉水，与刘伯刍的七种水、陆羽的二十种水加以比较，为各地的好水、佳泉打抱不平。

张又新在这篇文章里证明了陆羽曾经提出的一个很好的观点：一种茶，用它原产地的水来煎泡，效果肯定错不了。原因很简单，水土相宜。如果把同样的茶拿到外地，要有好水、有洁器，才可能煎泡出好茶。

张又新后来被收入《唐才子传》，这位才貌双美的诗人，生前最大的志向却不是做官写诗，而是娶一位美貌的妻子，他还把这个理想明明白白地说出来。可惜他的妻子品德很好，相貌却是平平。

唐代文采飞扬者大有人在，张又新的诗作没有什么卓异之处，完全是依靠这一卷《煎茶水记》，让自己的名字出现在一代又一代文人雅士的笔下。张又新的际遇告诉我们，写文章，选择一个合适的题目，真的很重要。

浮槎山水记 欧阳修

浮槎山在慎县①南三十五里，或曰浮阖山，或曰浮巢山。其事出于浮屠②、老子之徒荒怪诞幻之说。其上有泉，自前世论水者皆弗道。余尝读《茶经》，爱陆羽善言水。后得张又新《水记》，载刘伯刍、李季卿所列水次第，以为得之于羽，然以《茶经》考之，皆不合。又新，妄狂险谲之士，其言难信，颇疑非羽之说。及得浮槎山水，然后益以羽为知水者。浮槎与龙池山，皆在庐州界中，较其水味，不及浮槎远甚。而又新所记，以龙池为第十，浮槎之水弃而不录，以此知其所失多矣。羽则不然，其论曰："山水上，江次之，井为下。山水，乳泉、石池漫流者上。"其言虽简，而于论水尽矣。

浮槎之水，发自李侯③。嘉祐④二年，李侯以镇东军留后出守庐州，因游金陵，登蒋山，饮其水。既又登浮槎，至其山，上有石池，涓涓可爱，盖羽所谓乳泉漫流者也。饮之而甘，乃考图记，问于故老，得其事迹。因以其水遗余于京师。予报之曰：李侯可谓贤矣。夫穷天下之物无不得其欲者，富贵者之乐也。至于荫长松，藉丰草，听山流之潺湲，饮石泉之滴沥，此山林者之乐也。而山林之士视天下之乐，不一动其心。或有欲于心，顾力不可得而止者，乃能退而获乐于斯。彼富贵者之能致物矣，而其不可兼者，惟山林之乐尔。惟富贵者而不得兼，然后贫贱之士有以自足而高世。其不能两得，亦其理与势之然欤！

今李侯生长富贵，厌于耳目，又知山林之为乐，至于攀缘上下，幽隐穷绝，人所不及者皆能得之，其兼取于物者可谓多矣。李侯折节⑤好学，喜交贤士，敏于为政，所至有能名。凡物不能自见而待人以彰者有矣，其物未必可贵而因人以重者亦有矣。故予为志其事，俾世知斯泉发自李侯始也。

三年二月二十有四日，庐陵欧阳修记。

《文忠集》

【注释】

①慎县：在今天安徽省境内。

②浮屠：佛教，佛。

③李侯：李端愿，字公谨，他的母亲是宋真宗的妹妹万寿长公主。李端愿做过襄州、庐州知州，武康军节度使。

④嘉祐：宋仁宗最后一个年号。

⑤折节：放低姿态。

【赏读】

宋仁宗嘉祐二年，庐州知府李端愿派人给欧阳修送来一些山泉水，清澈甘甜。此水取自浮槎山，不过，前代的相关著作之中并没有提到过此水。与浮槎山相距不远的龙池山，却有一种水收录进张又新的《煎茶水记》，张又新的说法是："庐州龙池山岭水第十。"

显然，龙池水也是一种山泉水。揣摩欧阳修的文字，他只喝过李端愿送来的这些浮槎山水，没有喝过龙池山水，他也没有亲自去到浮槎山。所以，关于二者的优劣比较，很可能来自李端愿。

　　欧阳修并不嗜茶，他自称六一居士，他自己解释过"六一"的含义，分别是一万卷藏书，一千卷金石拓本，一张琴，一副棋，一壶酒，最后再加一个自己。这其中并没有茶。但是，以欧阳修的地位，以他广泛的交际，他有机会得到当时最高品质的茶饼，有机会品尝各地的名水。所以关于茶，关于水，欧阳修是有发言权的。比如他对张又新和《煎茶水记》的评价是允当的——张又新的一些说法有欠妥当，与张又新相比，陆羽的著述确实要严谨可信得多。

　　不过，通读这篇文字，总让人感觉到一点奉承的意味。如果派人远道送来浮槎水的不是李端愿，恐怕欧阳修对浮槎水的评价不会这么高，或者，干脆就不会有这一篇文字。

　　"其物未必可贵而因人以重者"，或许，浮槎山水并没有那么好，龙池山水不见得就不好。这种事，谁知道呢？

井华水　苏轼

时雨降，多置器广庭中，所得甘滑不可名，以泼茶煮药，皆美而有益，正尔①食之不辍，可以长生。其次井泉，甘冷者皆良药也。《乾》以九二化，《坤》之六二为《坎》②，故天一为水。吾闻之道士，人能服井华，其效与石硫黄、钟乳等。非其人而服之，亦能发背脑为疽③。盖尝观之。又分、至④日，取井水，储之有方。后七日，辄生物如云母状。道士谓"水中金"，可养炼为丹。此固常见之者。此至浅近，世独不能为，况所谓玄者乎？

《苏轼文集》

【注释】

①正尔：正如此。

②《坤》之六二为《坎》：坤卦三阴爻，二爻化阳爻，坤卦即变为坎卦，坎为水。

③疽：毒疮。

④分：春分、秋分。至：夏至、冬至。

【赏读】

古人所谓的"井华水"，通常指清晨从水井中打上来的第一桶水，据言功效很广。古代药方当中，许多药剂强调要用井华水煎熬送服，苏轼又说能够利用它养丹炼丹，自是一家之见，可以一笑置之。

在一首《赠常州报恩长老》中苏轼写道："碧玉碗盛红玛瑙，井华水养石菖蒲。也知法供无穷尽，试问禅师得饱无。"报恩寺的僧人重视井华水，认为它有养生、疗疾的功效，不单单用它煎茶。而且除了自己饮用，还拿来供佛。

苏轼喝过许多好茶，也写过许多茶诗，关于茗、泉的散文却比较少见。这里却由雨水转而谈到养炼丹药，大是无趣。

黔南道中行记 黄庭坚①

　　绍圣②二年三月辛亥，次③下牢关，同伯氏元明、巫山尉辛纮尧夫④，傍崖寻三游洞。绕山行竹间二百许步，得僧舍，号大悲院，才有小屋五六间。僧贫甚，不能为客煎茶。过大悲，遵微⑤行高下二里许，至三游间。一径栈阁绕山腹，下视深溪悚人。一径穿山腹，黮⑥暗，出洞乃明。洞中略可容百人，有石乳，久乃一滴。中有空处，深二丈余，可立。尝有道人宴居，不耐久而去。

　　厥壬子，尧夫舟先发不相待。日中乃至虾蟆碚，从舟中望之，颐颔口吻甚类虾蟆也。予从元明寻泉源入洞中，石气清寒，流泉激激，泉中出石，腰骨若虬龙纠结之状。洞中有崩石，平阔可容数人宴坐也。水流循虾蟆背，垂鼻口间，乃入江耳。泉味亦不极甘，但冷熨人齿，亦其源深来远故耶。壬子之夕，宿黄牛峡。

　　明日癸丑，舟人以豚酒享⑦黄牛神，两舟人饮福⑧皆醉。长年⑨三老请少驻，乃得同元明、尧夫曳杖清樾⑩间，观欧阳文忠公诗⑪及苏子瞻记丁元珍梦中事，观只耳石马⑫。道出神祠背，得石泉，甚壮急。命仆夫运石去沙，泉且清而归。陆羽《茶经》纪黄牛峡茶可饮，因令舟人求之。有媪卖新茶一笼，与草叶无异，山中无好事者故耳。

癸丑夕宿鹿角滩下，乱石如困廪^⑬，无复寸土。步乱石间，见尧夫坐石据琴，儿大方侍侧，萧然在事物之外。元明呼酒酌，尧夫随磐石为几案床座。夜阑，乃见北斗在天中，尧夫为《履霜烈女》之曲，已而风激涛波，滩声汹汹，大方抱琴而归。初，余在峡州，问士大夫夷陵茶，皆云粗涩不可饮。试问小吏，云："唯僧茶味善。"试令求之，得十饼，价甚平也。携至黄牛峡，置风炉清樾间，身候汤，手斟得味。既以享黄牛神，且酌元明、尧夫，云不减江南茶味也。乃知夷陵士大夫但以貌取之耳，可因人告傅子正也。

《山谷集》

【注释】

①黄庭坚（1045～1105）：字鲁直，号山谷道人，晚年又号涪翁，洪州分宁（江西修水）人，进士，曾任著作佐郎、起居舍人，鄂州知州。因为党争，被贬为涪州别驾，黔州安置。宋徽宗时再受迫害，羁管宜州，六十一岁而逝。北宋杰出文学家、书法家，作品编为《山谷集》。

②绍圣：宋哲宗年号。绍圣元年十二月，黄庭坚被贬往黔州，路过虾蟆碚。

③次：旅途中间暂住。

④伯氏元明：伯元明和尧夫二人是黄庭坚此行的同伴。

⑤遵微：沿着隐暗小路。

⑥黮（dàn）：黑色。

⑦豚：猪肉。享：祭祀，上供。

⑧福：祭神用过的酒肉。

⑨长年：长工，仆人。

⑩樾：遮荫的树。

⑪欧阳文忠公诗：欧阳修曾经写有一首《黄牛峡祠》，后来苏轼来到这里，写下一篇《书欧阳公黄牛庙诗后》，刻于石上。

⑫只耳石马：黄牛庙的门外有一匹石马，只有一只耳朵。

⑬困廪：粮仓，形容乱石之大。

【赏读】

张又新的《煎茶水记》中，把峡州的虾蟆口水排在第四位。黄庭坚牢记于心，在被贬谪的路上经过虾蟆碚，顺着水流走进一处洞中，寻找泉源。

黄庭坚对虾蟆水的初步评价是：水不太甜，但冰凉透骨，符合好水一定甘冽的标准。

虾蟆碚所在的地方名叫黄牛峡，附近有一处寺庙。若干年前，欧阳修做过峡州的夷陵令，到这里品尝过泉水，写下一首《虾蟆碚》："石溜吐阴崖，泉声满空谷。能邀弄泉客，系舸留岩腹。阴精分月窟，水味标《茶录》。共约试春芽，枪旗几时绿。"

诗中只是对过程的叙述，看不出欧阳修对这里的泉水有什么褒奖，此外他还写有一首《黄牛峡祠》。后来苏轼听欧阳修亲自说起那一段经历，并没有放在心上。

苏轼的朋友丁元珍到京城，某一天夜里梦见自己和苏轼一起乘船，沿江而上，途中进入一座庙中拜谒。神像突然动了起来，朝二人鞠躬，并且对着苏轼耳语。出来的时候，看见门外有一尊石马，只有一只耳朵。几天之后，丁元珍被任命为峡州判官。不久，苏轼也被贬为夷陵令，二人又聚到了一起。某天，两个人乘船前往黄牛峡，游览黄牛庙。丁元珍突然想起当年那个怪梦，感觉眼前的一切都与当年的梦境相同，庙门外的石马也和梦中一样，缺了一只耳朵，丁元珍大为奇怪。

读完前人的诗，看完前人的故事，黄庭坚就要喝茶了。陆羽在《茶经》中提到黄牛峡这里产茶，质量可饮。黄庭坚让船夫去买来一筐新茶，就用当地的泉水煎茶，结果喝起来像草的味道。说明当地缺少明白人，不懂制茶的方法。

好在黄庭坚身边还有储备。此前路过峡州时，黄庭坚从僧人那里买了十块夷陵茶饼。当地的官员看不起这种茶，认为粗涩难喝。现在黄庭坚亲自动手煮水煎茶，水是著名的虾蟆水，茶是陆羽认为可饮的当地茶。茶汤冲泡出来，相当不错，几位同伴都认为滋味不比江南茶差，于是黄庭坚就用这茶水祭供黄牛神。

显然，黄庭坚煎茶的手法精当，而且再一次证明了陆羽的那个观点：用当地的水煎当地的茶，效果总会不错。

北宋三位大文豪，在不同的时间，因为不同的缘故，先后来过黄牛峡，品尝过这里的茶，这里的水，并且作文纪念。其实单凭这一点，就可以把黄牛峡的茶和水列为名品。同时也能看出张又新的《煎茶水记》对后世影响之大。

水　赵佶

水以清轻甘洁为美，轻甘乃水之自然，独为难得。古人品水，虽曰中泠、惠山为上，然人相去之远近，似不常得，但当取山泉之清洁者，其次则井水之常汲者为可用。若江河之水，则鱼鳖之腥、泥泞之污，虽轻甘无取。

凡用汤，以鱼目蟹眼、连绎进跃[①]为度，过老则以少新水投之，就火顷刻而后用。

《大观茶论》

【注释】

①进跃：这里指水花跃动。

【赏读】

在水的问题上，宋徽宗的观点朴实而且实用，不慕虚名。他强调两点：第一，水要干净清澈。第二，水要轻甘。"轻甘"二字，看似简单，其实是好水的最高境界，就是水味微甜，水质轻盈。后来乾隆皇帝赞美玉泉山的泉水，比来试去，费了不少文字，归结起来，其实只有这"轻甘"二字。

洁净、轻甘是两个最基本的条件，在此基础上如果再做进一步的选择，宋徽宗还是认可名泉名水的。如果得不到，他认为山泉为上、井水为中、江河之水最下，这似乎与一般的观点有些不同。

　　宋徽宗并不是一个追求简朴的人，而且具备奢侈的条件。但是，在对烹茶用水的问题上，他给出的条件是天然的，简约自然的。相比之下，非惠泉水不喝的李德裕，就显得迂而无趣了。

水递① 　王说

李卫公②性简俭，不好声妓，往往经旬不饮酒，但好奇功名。在中书，不饮京城水，茶汤悉用常州惠山泉，时谓之"水递"。

有相知僧允躬白公曰："公迹并伊、皋③，但有末节尚损盛德。万里汲水，无乃劳乎？"公曰："大凡末世浅俗，安有不嗜不欲者？舍此即物外世网，岂可萦系？然弟子于世，无常人嗜欲：不求货殖，不迩声色，无长夜之欢，未尝大醉。和尚又不许饮水，无乃虐乎？若敬从上人之命，即止水后，诛求聚敛，广畜姬侍，坐于钟鼓之间，使家败而身疾，又如之何？"

允躬曰："公不晓此意。公博识多闻，止知常州有惠山寺，不知脚下有惠山寺井泉。"公曰："何也？"曰："公见极南物极北有，即此义也。苏州所产，与汴、雍同；陇岂无吴县耶？所出蒲鱼菰鳖既同，彼人又能效苏之织纴，其他不可遍举。京中昊天观厨后井，俗传与惠山泉脉相通。"

因取诸流水，与昊天水、惠山水称量，唯惠山与昊天等。公遂罢取惠山水。

《唐语林》

【注释】

①标题为编者拟。

②李卫公：李德裕，曾为宰相，被封为卫国公。

③迹：同"绩"，功劳。并：赶得上，相等。伊、皋：伊尹、皋陶，都是古代名臣。

【赏读】

李德裕出身豪族，父亲李吉甫做过宰相，李德裕自己后来也地位显赫，成为一代名相。和一般的贵族子弟不太一样，李德裕不好声色，不好饮酒，生活节俭，唯一喜欢的就是饮茶。既然是自己的嗜好，当然就得讲究一些。李德裕对茶似乎不太挑剔，但煎茶的水必须要用惠泉水，大名鼎鼎的天下第二泉。

问题是惠山到长安的距离十分遥远，李德裕就安排专人负责传送惠山泉水。长安僧人允躬认为，如此做法费时费力，太过奢侈，有损李德裕的形象。李德裕却认为，如果自己废掉饮茶的嗜好，或许会把金钱和精力花费到别的方面，沉溺酒色，或者和别人一样聚敛钱财。这样的话，很快就会身败名裂。两相比较，还是喝惠山泉水更好一些。李德裕理直气壮地摆谱儿，而且似乎还真是这么回事。

僧人允躬帮助李德裕发现了长安本地的好水，惠山泉水与昊天观的井水水脉相通的说法虽然荒诞，毕竟说服了李德裕，从此取消了水递。但李德裕水递惠泉水的典故却流传下来。后世的文人士大夫，有机会都要到惠泉来尝一尝，稍有能力的人，都要搞一搞水递，坐在家里品尝惠泉水。

明末清初吴伟业写过一首《惠井支泉》，十分风趣："石断源何处，涓涓树底生。遇风尤乍急，入夜响尤清。枕可穿云听，茶频带月烹。只因愁水递，到此暂逃名。"

真君泉^①　　葛立方^②

连水军^③真君泉，在军治^④园中，东坡尝题字于石栏，又作长短句，所谓"倦客尘埃何处洗，真君堂下寒泉水"是也。又有蓝家井，亦佳绝。二水清甘无比，尝以惠山泉比试，而惠泉翻不及。余随侍文康公桥寄^⑤此军二年，每日烹茶，更^⑥用二水，遂摈惠泉不用。信知陆鸿渐《茶经》、张又新《水记》皆虚语耳。山谷《省中烹茶》诗云："阊门井不落第二，竟陵谷帘定误书。"亦谓此也。欧公《再至汝阴诗》云："水味甘于大明井。"则知天下甘泉不为陆、张所录者，何可胜数哉！

《韵语阳秋》

【注释】

①标题为编者拟。

②葛立方（？～1164）：字常之，自号懒真子，江苏丹阳人，南宋绍兴年间考中进士，官至吏部侍郎。传世有《韵语阳秋》二十卷，杂评各家之诗，侧重于意旨之是非，另有《归愚词》一卷。

③连水军：涟水军。范围包括楚州、泗州、承州等地，在今天山东、江苏、安徽交界处。

④治：机构所在地。

⑤文康公：葛胜仲，葛立方的父亲，南宋绍兴年间做过太常卿、

国子祭酒、汝州知州等，死后赐谥"文康"。桥寄：暂居。

⑥更：轮流。

【赏读】

葛立方陪伴父亲葛胜仲在涟水军居住两年，接触到当地的两种好水，一处泉水，一处井水，分别称为真君泉和蓝家井，水味"清甘无比"。父子二人用惠山泉水与它们比较，得出的结论竟然是惠山泉稍劣，于是他们专用二水。

很自然地，陆羽和张又新二人被树为标靶，葛立方认为二人的著作都是虚语。为了证明自己的判断，葛立方提到黄庭坚的一首《省中烹茶怀子瞻用前韵》。黄庭坚认为谷帘水不应该得到那么高的评价，也是间接对《煎茶水记》的否定。

欧阳修的一句诗也被葛立方找来，《再至汝阴三绝》中说："水味甘于大明井，鱼肥恰似新开湖。"欧阳修在汝阴喝到了一种好水，胜过扬州大明寺水，大明寺水可是被张又新定为天下第十二的好水。

时空间隔，文人们单单凭着自己一时的感觉，品评天下之水，排列出优劣次序。依据只是自己的一根舌头、一双眼睛，缺少量化的指标，当然笔墨官司不断。

谷帘水^① 陆游

（八月）十日，史志道饷^②谷帘水数器，真绝品也。甘腴清冷，具备众美。前辈或斥水品以为不可信，水品固不必尽当，然谷帘卓然非惠山所及，则亦不可诬也。水在庐山景德观，晚别诸人，连夕在山中，极寒，可拥炉。比还舟，秋暑殊未乂^③，终日挥扇。

《入蜀记》

【注释】

①标题为编者拟。

②史志道：户部侍郎。饷：招待，提供。

③乂：安定，治理。

【赏读】

陆游精于品茶鉴水，现在他遇到了著名的谷帘水。

此前，在路过丹阳的时候，陆游从玉乳井中取了一些井水。玉乳井在观音寺里，水色微白，近似牛乳，喝到嘴里"甘冷熨齿"。在《煎茶水记》中，张又新提到陆羽品水，把丹阳县观音寺的井水排在第十一位，说明此水久负盛名。陆游更具体地称这口井为"玉乳井"，对其特点做了更多的描述。水井旁边，还有北宋陈尧叟题写的楷书"堆玉"二字。

陆游的船中载着玉乳井水，一路向西，八月初进入了江州境内。在这里陆游停留多日，游览庐山。在山中受人馈赠，品尝到了著名的谷帘水。

张又新在《煎茶水记》中把庐山的谷帘水评为第一。后世的许多人慕名而来，品尝之后，不以为然。陆游却认为谷帘水"甘腴清冷，具备众美"，远远超过了惠泉水，堪称绝品。

陆游人在旅途，口味不会太挑剔，又不想辜负朋友的美意，言辞之间难免溢美。《四库全书》认为，陆游大概也是受了《煎茶水记》的影响，先入为主。

品尝到堪称绝品的谷帘水，陆游依然不满足，后来他在一首《试茶》诗中写道："日铸焙香怀旧隐，谷帘试水忆西游。银瓶铜碾俱官样，恨欠纤纤为捧瓯。"

拆洗惠山泉 周辉

　　辉家惠山，泉石皆为几案物。亲旧东来，数闻松竹平安信，且时致陆子泉①，茗碗殊不落莫。然顷岁②亦可致于汴都，但未免瓶盎气。用细沙淋过，则如新汲时，号"拆洗惠山泉"。天台山竹沥③水，断竹梢屈而取之盈瓮，若杂以他水则亟败。苏才翁④与蔡君谟斗茶，蔡茶精，用惠山泉；苏茶少劣，用竹沥水煎，遂能取胜。此说见江邻几⑤所著《嘉祐杂志》。果尔，今喜击拂⑥者，曾无一语及之，何也？

　　"双井"因山谷而重，苏魏公⑦尝云："平生荐举不知几何人，唯孟安序朝奉⑧，分宁人，岁以双井一斤为饷⑨。"盖公不纳包苴⑩，顾独受此，其亦珍之耶？

《清波杂志》

【注释】

　　①陆子泉：此处代指惠山泉。

　　②顷岁：昔年，当年。

　　③竹沥：新鲜竹子被火炙烤之后，沁出的汁液。

　　④苏才翁：苏舜元，字才翁，诗人、书法家。

　　⑤江邻几：江休复，号邻几。

　　⑥击拂：击茶拂茶，指有茶癖的人。

⑦苏魏公：苏颂，官至宰相，死后赠魏国公。

⑧朝奉：朝奉郎，宋代官名

⑨饷：同"飨"，馈赠，招待。

⑩包苴：贿赂。

【赏读】

周辉是泰州人，对于惠山泉水非常熟悉，却也知道惠山泉水的一个问题：泉水被封装在坛瓶之中，经过长途运输，清新甘冽的泉水自然沾染上坛瓶的气味，质量大打折扣。宋代人想出一个好办法，就是用干净的细沙子过滤这些惠山泉，可以除去异味。这种办法称为"拆洗惠山泉"，"拆洗"二字用得实在精妙。

当初，唐代的李德裕设置水递，千里迢迢地把惠山泉水送到长安，他肯定不知道还有"洗水"这一着，所以他喝到的惠山泉一定带着浓浓的"瓶盎气"。千百年来，无数的文人名士不惜重金，大费周折，千里迢迢运回来惠泉之水，骄矜示人，也没听哪个人提到"洗水"，提到"瓶盎气"。这种气味只有他们的鼻子知道，一切也许没有看上去那么美好。

惠山泉在宋代的名气实在太大，斗茶时，如果再配上龙团建饼，真是难以战胜。于是有人开始动脑筋，找到了青竹中沁出的竹沥水。竹沥水通常拿来药用，拿它煎茶，效果如何真的很难说。周辉转述了一则传言：苏舜元曾经使用竹沥水煎茶，与蔡襄斗试，结果胜过蔡襄用惠泉煎的好茶。从周辉的表述来看，他对这个传说是持怀疑态度的。

谈水之后，周辉顺便谈起双井茶。双井茶在北宋因为黄庭坚而成名，宰相苏颂非常喜欢双井茶，一位来自江西的孟姓官员投其所好，每年送他一斤双井茶，苏颂因此举荐他升职。苏颂举荐过许多人，却只接受过这一份礼物。对于嗜茶者来说，这似乎算不上污点，所以苏颂很坦然地自己说出来，也没有影响到他的一世清名。

汤候^①　罗大经

余同年李南金云："《茶经》以鱼目涌泉连珠为煮水之节^②，然近世瀹茶，鲜以鼎镬，用瓶煮水，难以候视，则当以声辨一沸二沸三沸之节。又陆氏之法，以末就茶镬，故以第二沸为合量而下。未若以今汤就茶瓯瀹之，则当用背二涉三之际为合量，乃为声辨之诗云：'砌虫唧唧万蝉催，忽有千车稛载来。听得松风并涧水，急呼缥色绿瓷杯。'"其论固已精矣，然瀹茶之法，汤欲嫩而不欲老。盖汤嫩则茶味甘，老则过苦矣。若声如松风涧水而遽瀹之，岂不过于老而苦哉？惟移瓶去火，少待其沸止而瀹之，然后汤适中而茶味甘。此南金之所未讲者也，因补以一诗云："松风桧雨到来初，急引铜瓶离竹炉。待得声闻俱寂后，一瓯春雪胜醍醐。"

《鹤林玉露》

【注释】

①标题为编者拟。

②节：关键点。

【赏读】

要想成就一杯好茶，除了高质量的茶与水，煮水、烹点的操作也至关重要。不过，这种细节没有客观的、量化的标准，论者往往各持一端。

南宋进士李南金认为，陆羽关于汤候的观点已经过时——第一，唐代煮水使用的器皿是敞口的锅鼎，操作者可以按照陆羽所说，随时去观察水面，判断鱼目、蟹眼之类。第二，煮水之后，陆羽的做法是把茶末投进锅里去。宋代人的做法却有所不同，煮水不再用锅，改用小口长身的水瓶，水热之后，瓶口处热气上涌，操作者根本不能凑近去观察水面的状态。而且，宋代点茶，是把茶末放在碗盏之中，再把滚烫的水倒入碗中，同时还要有拂茶、击茶的动作，以使茶汤表面出现一层乳花。

李南金因此认为，应该通过水沸的声音，来掌握煮水的程度，也就是汤候。鉴于宋代点茶方法的变化，不妨把水煮得稍老一些。唐代是在第二沸的时候，投入茶末。现在应该是二沸之后、即将三沸的时候，此时水瓶中会发出松涛一样的声音，这才算是最恰当的时候。罗大经并不完全认同李南金的说法。他认为，听到松涛般的水声，不要立刻拿水瓶泼入茶碗，而是撤去火，待水声平静，再来点茶，如此才能得到美味好茶。

如果从一个量化的角度来看，李南金和罗大经谈论汤候，实际是在谈论水的温度。水温过高，泡出的茶就"老"，味道苦，茶汤暗。将沸水稍稍放一放，等水温低一些再点茶，才能保证茶的甘香。

明代的罗廪在《茶解》中认为，李南金的说法非常恰当，"此真赏鉴家言"，而罗大经的说法不妥，"殊不知汤既老矣，虽去火何救哉"？

《雪庵清史》中的看法正好相反，认为罗大经的说法比较恰当，李南金的做法"非失过老，则失之太嫩，致令甘香之味荡然无存"，很是误人。

甘 徐献忠①

泉品以甘为上，幽谷绀②寒清越者，类出甘泉，又必山林深厚盛丽，外流虽近而内源远者。

泉甘者，试称之必重厚。其所由来者，远大使然也。江中南零水，自岷江发流，数千里始澄于两石间，其性亦重厚，故甘也。

泉上不宜有恶木，木受雨露，传气下注，善变泉味。况根株近泉，传气尤速，虽有甘泉不能自美。犹童蒙之性，系于所习养③也。

《水品》

【注释】

①徐献忠（1493～1559）：字伯臣，号长谷，松江华亭（今上海）人，明世宗嘉靖年间考中举人，做过奉华县知县，著有《吴兴掌故集》《长谷集》《水品》等。

②绀：青色。

③习养：平时的培养。

【赏读】

徐献忠在他的《水品》之中研究水源、水质、水味、水品，对于泉水、瀑布的研究尤其细致。写过《煮泉小品》的田艺蘅为《水品》作序，认为徐献忠的观点与自己契合者，十中有三，于是将《水品》刊刻成书，"以完泉史"。这应该是徐献忠死后的事了。

徐献忠认为，好水的基本要求是清而甘。甘清之水，必然寒冽。但是反过来，寒冽之水未必甘清。至于水流的长远，水质的轻重，说法各异，都局限于言者的个人直接经验，有时候干脆就是人云亦云，不足为信。

徐献忠并不看好山东的泉水，认为山东泉水大多出于沙土中，其气太浊，或者海气太盛，不知他的依据何在。拿来对照谢肇淛、王士禛对山东水的评价，比较有趣。

龙井之上，为老龙井① 田汝成②

老龙井有水一泓，寒碧异常，泯泯丛薄③间。幽僻清奥，杳出尘寰，岫壑萦回，西湖已不可复睹矣。其地产茶，为两山绝品，《郡志》称宝云、香林、白云诸茶，乃在灵竺、葛岭之间，未若龙井之清馥隽永也。再上为天门，可通灵竺，径术④崎岖，草树蓊郁，人烟旷绝，幽悄不禁。

《西湖游览志》

【注释】

①标题为编者拟。

②田汝成（？～1557）：字叔禾，钱塘（今浙江杭州）人，明朝嘉靖年间进士，做过南京刑部主事、广西布政司右参议等。有《西湖游览志》《西湖游览志余》等著作存世，书中以游览为名，多记湖山之胜，以南宋史事为多，体例在地理志和杂史之间。

③泯泯：形容水质清澈。丛薄：草木丛生。

④径术：道路。

【赏读】

明代长洲一位诗人写过一首《度风篁岭至龙井》，语句浅白，有水有茶有绿色：不知何年代，人家犹太古。丛篁高百尺，深密掩村坞。寥寂绝人声，浓绿滴环堵。径转下坡陀，丁丁响樵斧。道旁万松树，落落清可数。叩门堕山翠，竹里僧开户。呼童汲新泉，泉自石穴吐。烹以瀹茗芽，炒焙初出釜。客言香色绝，僧意不自诩……

关于杭州本地的茶，唐代陆羽认为钱塘的天竺、灵隐等地所产之茶为下品。陆羽的看法可以代表唐代人对于杭州茶的认识。宋代人更不必说，认为建茶之外，佳茗寥寥。

地方志当中对于当地茶的记载更为细致全面，提到的也只有宝云、香林、白云等几种，只字未提龙井茶。田汝成却认为这几种茶都不如龙井茶，他概括龙井茶的特点是"清馥隽永"。

从这个意义上说，田汝成是龙井茶的发现者。

宜茶 田艺蘅^①

茶，南方嘉木，日用之不可少者。品固有嫩恶^②，若不得其水，且煮之不得其宜，虽佳弗佳也。

茶如佳人，此论虽妙，但恐不宜山林间耳。昔苏子瞻诗"从来佳茗似佳人"，曾茶山^③诗"移人尤物众谈夸"是也。若欲称之山林，当如毛女、麻姑，自然仙风道骨，不浼^④烟霞可也。必若桃脸柳腰，宜亟屏之销金帐^⑤中，无俗我泉石。

鸿渐有云："烹茶于所产处无不佳，盖水土之宜也。"此诚妙论。况旋摘旋瀹，两及其新邪。故《茶谱》亦云："蒙之中顶茶，若获一两，以本处水煎服，即能祛宿疾。"是也。今武林诸泉，惟龙泓入品，而茶亦惟龙泓山为最。盖兹山深厚高大，佳丽秀越，为两山之主。故其泉清寒甘香，雅宜煮茶。虞伯生^⑥诗："但见瓢中清，翠影落群岫。烹煎黄金芽，不取谷雨后。"姚公绶^⑦诗："品尝顾渚风斯下，零落《茶经》奈尔何。"则风味可知矣，又况为葛仙翁^⑧炼丹之所哉！又其上为老龙泓，寒碧倍之。其地产茶，为南北山绝品。鸿渐第钱唐天竺、灵隐者为下品，当未识此耳。而《郡志》亦只称宝云、香林、白云诸茶，皆未若龙泓之清馥隽永也。余尝一一试之，求其茶泉双绝，两浙罕伍云。

龙泓今称龙井，因其深也。《郡志》称有龙居之，非也。盖武林之山，皆发源天目，以龙飞凤舞之谶，故西湖之山，多以龙名，非真有龙居之也。有龙则泉不可食矣。泓上之阁，亟宜去之。浣花诸池，尤所当浚。

《煮泉小品》

【注释】

①田艺蘅（生卒年不详）：字子艺，号品岩子，钱塘（浙江杭州）人，是田汝成的儿子，诗文有才调，性情放诞不羁，嗜酒任侠，曾经做过徽州训导，著有《煮泉小品》。

②嫩（měi）恶：优劣，好坏。嫩，同"美"。

③曾茶山：南宋人曾几的《茶山集》中有一首《逮子得龙团胜雪茶两铐以归予，其直万钱》，其中有："移人尤物众谈夸，持以趋庭意可嘉。"

④浼：污染。

⑤销金帐：华丽的帷帐。

⑥虞伯生：元代人虞集，字伯生，号道园，官至翰林直学士。

⑦姚公绶：姚绶，字公绶，人称丹丘先生，天顺年间赐进士，做过监察御史，精于书画，喜收藏。

⑧葛仙翁：葛玄，三国时吴国道士，据说在天竺山得道。

【赏读】

《煮泉小品》一卷，分十类：一源泉，二石流，三清寒，四甘香，五宜茶，六灵水，七异泉，八江水，九井水，十绪谈。

田艺蘅赞同陆羽的观点，即用本地之水，煎煮本地之茶，效果最佳。原因很简单，就是水土相宜。

　　具体到龙井茶，当然要用龙井之水，才能最大限度地显示它的清馥和隽永。龙井又称为龙泓，其水"清寒甘香，雅宜煮茶"。附近有一处老泓井，寒冽清碧，更甚于新龙泓。关于龙泓井，田艺蘅的许多说法来自他父亲田汝成的《西湖游览志》。

　　龙井水配龙井茶，再与葛玄葛仙翁炼丹的传说相联系，自然不凡。不过，如果按照田艺蘅的说法，采摘新鲜的龙井茶叶，就近用龙井水烹煎，也就是所谓的"旋摘旋瀹，两及其新"，新鲜固然新鲜，但滋味未必如意。毕竟，再好的茶也要经过焙制才行。

醵^①金运惠泉小引　李日华

　　吾辈竹雪襟期^②，松风齿颊，暂随饮啄^③人间，终拟逍遥物外。名山未即，尘海何辞。然而搜奇煅句，液沥易枯；涤滞洗蒙，茗泉不废。月团百片，喜折鱼缄^④；槐火一籝，惊翻蟹眼。陆季疵之著述，既奉典刑；张又新之编摩，能无鼓吹？昔卫公宦达中书，颇烦递水；杜老^⑤潜居夔峡，险叫湿云。今者环处惠麓，逾二百里而遥；问渡松陵，不三四日而致。登新捐旧，转手妙若辘轳；取便费廉，用力省于桔槔^⑥。凡吾清士，咸赴嘉盟。

《恬致堂集》

【注释】

　　①醵（jù）：集资，凑钱，合钱饮酒为醵。

　　②襟期：志趣，襟怀。

　　③饮啄：吃喝。

　　④鱼缄：书信。

　　⑤杜老：杜甫。

　　⑥桔槔（gāo）：水井上吊水的工具。

【赏读】

　　"……春乳发醅渌，秋涛涵碧潼。卓哉上善质，果与仙灵通。

诗脾频漱瀹，出语含松风。"这是李日华在一首《惠山泉》中的句子，"卓哉上善质"可以概括李日华对惠山泉的评价，所以他会向嗜茶的朋友们提出倡议，才有了这一份水约。

大家一起雇佣船家到无锡运来惠泉水，每月一次，既方便，又节省费用。李日华算是这个盟约的发起人，用这篇文字邀请同好加盟。简单的一件小事，被李日华敷演成一篇华丽的文字，读来顿挫铿锵，韵味实足，显示他扎实的骈文功底。

这篇文字的另一个版本又名《松雨斋运泉约》，附有详细的价目表，说明每一个水坛、坛盖的价格，平摊到每坛水的运费又是多少。计算下来，一坛惠泉水颇为昂贵，一般人负担不起。

花钱可以买来便利和享受，坐在家里就可以喝到相距二百里的惠泉水，主人感觉快捷省力，如同从眼前的井水中汲水一样方便，这是富贵带来的方便。

李日华精通书画，擅长鉴赏，交际广泛。在日常应酬当中，有的朋友也会送些好水给他，主要是泉水，其中就包括惠泉水。李日华写诗酬谢，比如《谢陆克生饷泉》《谢沈伯宏惠泉水》等。

西湖水[①]　李日华

　　武林西湖水，取贮五石大缸，澄淀六七日，有风雨则覆，晴则露之，使受日月星之气。用以烹茶，甘淳有味，不逊慧麓[②]。以其溪谷奔注，涵浸凝渟[③]，非复一水，取精多而味自足耳。以是知凡有湖陂[④]大浸处，皆可贮以取澄，绝胜浅流、阴井，昏滞腥薄，不堪点试也。

《六研斋笔记》

【注释】

①标题为编者拟。

②慧麓：惠泉。

③涵浸凝渟：滋润、聚集。渟，水积聚。

④陂：池塘。

【赏读】

　　泉水、井水纯粹，河水、湖水广博。嗜茶者一般最看重的是泉水，江水其次，井水最下。其他的，还有雨水、雪水。像李日华这样取用湖水者，鲜见记载。

　　江水和湖水的来源广泛，汇集众水之长短，水性更均衡，更平和，滋味更丰富。当然也可能掺杂有劣下、脏污之水，所以需要存贮，需要沉淀与澄净。

李日华处理西湖水的方式，类似苏东坡处理雨水：把水贮存在大缸之中，根据天气的不同，要么遮盖，要么晾晒。经过一段时间之后，拿来烹茶，甘淳有味。

李日华喝过的湖水当然不限于西湖水，在一首《试莺脰湖水》中，他拿惠泉水与莺脰湖水进行比较，认为都不错：莺脰湖中雪色渐，野人煎茗入冰瓷。若将惠麓评风味，却似含桃与荔枝。

筹子^① 李日华

文衡山^②先生诗有极似陆放翁者，如《煮茶》句云："竹符调水沙泉活，瓦鼎烧松翠鬣香。"吴中诸公遣力^③往宝云取泉，恐其近取他水以给，乃先以竹作筹子付山僧，候力至，随水运出以为质^④。此未经人道者，衡老拈得，可补茗社故实^⑤。

《六研斋笔记》

【注释】

①标题为编者拟。

②文衡山：文征明，号衡山居士，明代书画家。

③力：苦力，劳力。

④质：证明，信物。

【赏读】

北宋的苏轼早就使用过筹子一类的东西，苏轼喜欢玉女洞中的泉水，担心仆人将来到这里取水时偷懒，用竹片做成标签，交给玉水洞附近的僧人。仆人取水的同时，必须带回一只竹签，当时戏称为"调水符"，苏轼还在诗中写道："谁知南山下，取水亦置符。"

文征明等人大概知道这个典故，所以制作了竹符，也和苏轼一样把竹符交给山泉附近的僧人，以为凭证。

不过，这种小手段一旦遇到狡猾的人，毫无作用。袁宏道在

《识张幼于惠泉诗后》中就讲了一个关于惠泉的故事，很有意思。

袁宏道的朋友、湖北人丘长孺到无锡去游玩，喜欢上了当地的惠泉水，一下子装了三十坛水，让仆人运回湖北。无锡与湖北距离遥远，丘长孺自己先行。仆人们不想受累，偷偷把泉水全部倒掉，带着三十个空坛子，一路轻松地回到湖北。快到家的时候，就近找了一处泉水，把三十个坛子重新灌满。丘长孺还蒙在鼓里，郑重请来了一群亲朋好友，一起品尝远道而来的天下第二泉，竟然没有人发现其中有假，闹出了笑话。

河水 李日华

水性欲流，欲静。静则不挠[1]，不杂尘土；流则新活，无淹[2]腐气。吾郡诸溪港极驶[3]活，城下亦清暎可爱，择其稍远舟楫处，瓮汲，停贮宿昔[4]，即堪烹点，其胜井泉数倍也。

《六研斋笔记》

【注释】

①挠：搅动，扰乱。

②淹：停滞。

③港：江河支流。驶：水流动。

④宿昔：旦夕，很短的时间。

【赏读】

李日华是浙江嘉兴人，地处水乡，居家周围水网密布。他认为当地的河水水质很好，大胜井水和泉水，所以他在推荐了西湖水之外，又大赞嘉兴的河水。

河水的最大好处是流动，流动能让水质保持新鲜。流动的速度不要迅疾，不至产生扰动，于是水质干净。当然，取水的时候还是有一些讲究的，要远离舟船行驶的路径，当然也要远离岸上的居民。

不过，李日华喝得最多的肯定不是这些河水，它们只是"堪烹点"，平时李日华储备的惠泉水接济不上时，可以拿它来补缺，如此而已。

品泉　张大复

料理息庵①方有头绪，便拥炉静坐其中，不觉午睡昏昏也。偶闻儿子书声，心乐之。而炉间寥寥如松风响，则茶且熟矣。三月不雨，井水若甘露。兢②扃其门，而以瓶罂相遗。何来惠泉，乃厌张生馋口？讯之家人辈，云旧藏得惠水二器，宝云泉一器。亟取二味品之，而令儿子快读李秃翁③《焚书》，惟其极醒极健者。因忆壬寅五月中，著屐烧灯④品泉于吴城王弘之第，自谓壬寅第一夜。今日岂减此耶？

《梅花草堂笔谈》

【注释】

①息庵：张大复的书房。

②兢：小心。

③李秃翁：李贽，字号颇多，其中一个就是秃翁。

④屐：木屐。烧灯：点灯。

【赏读】

人生的快乐时光，总是不期而遇。

寂寞午后，张大复听到儿子清朗的读书声，非常喜欢，同时意外获知家里还珍藏着几瓶好泉水。双喜并至，于是张大复赶快吩咐烹泉点茶，一杯好茶捧在手里，再召儿子过来读书给他听。

张大复让儿子朗读的是李贽的一本《焚书》，显然心中藏有不平之事。张大复对自己的父亲充满敬爱，如今稚子启蒙，令人欣慰。

张大复把眼前的快乐与当年的一个夜晚并列，那是在五月，张大复脚登木屐，坐在朋友的家中，对灯品茗。不知道那个夜晚喝了什么好茶，让张大复如此难忘。

运水　张大复

　　昨曹幼安遣讯①，书尾云："且运第二泉，六月后当还。"乃领报。乞水之便，无甚于此。而某不知寄坛舡②上，少可十斛③。其明日，奴子以泉涸告，方悔之，然俟其归可税④也。朝来索报，则又忘之矣。吾每日科头⑤起，都无唉粥想，喘喘思茶耳。而念不及泉，此何故欤？僧孺曰："为懒而忘之者，性也。为念不及泉而忘之者，境也。"某笑曰："愿以性。"

《梅花草堂笔谈》

【注释】

　　①曹幼安：与张大复相识多年，关系平淡。遣讯：来信，派人告知。

　　②舡：船。

　　③少可：至少。斛：盛水的容器。

　　④税：租借，暂借。

　　⑤科头：不戴帽子，露出发髻。

【赏读】

　　张大复的家境不错，对茶和烹茶之水非常讲究，奇怪的是他经常把一个"贫"字挂在嘴边，比如他说过："啜茗栽菊，蓄石好礼，皆人间希有之事。"又说："佳水名茶，奇香野嫩，异卉新书，此贫之至适也。"

张大复对水很挑剔，"往时不饮井水，必惠，必宝云，必天泉"，平时多用惠泉，接济不上时，也用喜泉替代。他的朋友朱方黯的宅中有一眼泉，张大复认为与惠山泉不相上下，命名为"喜泉"，"每斋中惠泉竭，辄取之"。泉水贵新，惠山泉水远道运来，储备在家中，以供饮用。时间久了，冷冽与甘甜必然要打一些折扣，所以张大复有时候会发现惠山泉水已经变质。甚至有时候惠山泉水刚运到就是败坏的，"淡恶如土"，原因是"有富者子，乱决上流，几害泉脉"。家里储备的好水用完了，偶尔端上一些替代之水，张大复总是"舌端权衡"，迟迟不甘心下咽，他的一根舌头十分挑剔。

江南水乡，水运便利，张大复、李日华这些人通常是通过船只到无锡去运惠山泉。船运的好处是运量大，不易损耗，平均计算下来，费用相对也少。所以张大复一下子准备了二十只水坛，李日华也有一次运回二十几坛惠山泉的记载。

佳泉[①] 谢肇淛

以余耳目所及之泉，若中泠、锡山等泉，人所共赏者不载，若济南之趵突泉、临淄之孝妇泉、青州之范公泉、吴兴之半月泉、碧浪湖水、杭州西湖龙井水、新安[②]天都之九龙潭水、铅山之石井寺[③]水、观音洞水、武夷之珠帘泉、太姥[④]之龙井水、支提[⑤]之龙潭水、闽中鼓山之喝水岩泉、冶山之龙腰水、东山之圣泉、金陵蒋山之八功德泉、摄山之珍珠泉，皆甘冽异常。其它难以枚举，但在穷乡遐僻，无人赏鉴耳。

《五杂组》

【注释】

①标题为编者拟。

②新安：徽州。

③铅山之石井寺：铅山在江西省。石井寺始建于唐代，又名石井庵、石井院、资福院等。

④太姥：太姥山在福建省境内。

⑤支提：支提山在福建省境内。

【赏读】

又是一份水榜，一份属于谢肇淛的水榜。

谢肇淛列举自己耳目所及的好水，看不出要为它们分出高下的意思，而且有一个前提条件："若中泠、锡山等泉，人所共赏者不载。"就是先把那些天下名水排除在外。王士禛在引用谢肇淛这段文字时，主观地认为谢肇淛把山东的趵突泉、孝妇泉、范公泉推举为天下第一，其实是误解了谢肇淛的本意。王士禛不至于读不懂这段文字，他是故意如此。

既然是"耳目所及"，那么文中的这些好水，谢肇淛并没有一一品尝过。就算他都尝过，也只是一家之言罢了。

这里的一些水，在别的文献中也有提及，比如龙井水、摄山的珍珠泉、济南的趵突泉等等。宋代笔记《能改斋漫录》中提到过石井寺水，说石井资福院在信州铅山县城以北，大约两里路，"有泉涌于山壁之下，澄澈如鉴"。

这些水恐怕都不在惠泉之下，可惜知道的人不多，自然也没有人百里、千里地搞什么水递。名气这东西就是这么奇怪。

水^① 谢肇淛

客中若遇无甘泉去处，但以苦水烹之，数沸后澄至冷，去其泥滓，复烹之，即甘矣。此亦古人炼炭之法也。北方每霆雨时，取棐几^②滑净者，于空中盛，倒入罂中，亦与南方雨水气味无别也。

人生饭粗粝、衣毡氄皆可耐，惟无水烹茶，殊不可耐。无山水即江水，无雨水即河水，但不苦咸，即不失正味矣。冰水虽寒，不堪烹者，不净也。雪水易腐，雨水藏久，即生孑孓，饮之有河鱼之疾^③，而闽人重之，盖不甚别茶也。

《五杂组》

【注释】

①标题为编者拟。

②棐（fěi）几：棐，通"榧"，几桌，几案。

③河鱼之疾：又为"河鱼腹疾"，《左传》中有："河鱼腹疾，奈何？"鱼腹易烂，指腹泻。

【赏读】

无水烹茶，是人生最不可忍耐之事。不过，甘水冽泉总归罕见，在某些地方甚至不得不饮用苦水、咸水。谢肇淛给出的办法是把劣质之水多次加热、冷却，去除泥滓，将水澄清，把苦水变成甜水。

　　谢肇淛的表述不够明确，他想说的应该就是蒸馏水。后来清朝的康熙皇帝也用过类似的办法，称之为"水蒸之露"。这是康熙皇帝从泽布尊旦巴胡突克图那里学来的，他在《庭训格言》中说："若遇不得好水之处，即蒸水以取其露，烹茶饮之。"

　　饮用蒸馏水的最大好处是卫生，对于荒野食宿的人来说，这是十分科学的做法。

　　饮用野外的河水也有讲究，康熙皇帝说："我等时居塞外，常饮河水。然平时不妨，但夏日山水初发，深当戒慎。此时饮之，易生疾病，必得大雨一二次后，山中诸物尽被涤荡，然后洁清可饮。"

　　谢肇淛认为，蒸馏水之外，还可以使用雨水。北方的降水量小，风沙多，屋瓦之上经常积有灰土，遇到下雨时，屋檐上滴落的雨水很不干净。所以，在北方接取雨水的方法要与南方不同，最好把接水的容器放到开阔的地方，直接盛接雨水，不要接取屋顶流下的水。

天泉　文震亨

　　天泉，秋水为上，梅水次之。秋水白而洌，梅水白而甘。春冬二水，春胜于冬，盖以和风甘雨，故夏月暴雨不宜，或因风雷蛟龙所致，最足伤人。雪为五谷之精，取以煎茶，最为幽况[①]，然新者有土气，稍陈乃佳。承水用布，于中庭受之，不可用檐溜。

《长物志》

【注释】

　　①幽况：幽远恰当。

【赏读】

　　讲究喝雨水的人不少，专喝雨水的人很少。天泉无根，只能算得上好，但总难达到大好的境地。所以难充大任，只能算做一种调剂品，在佳泉断档的时候，偶而品尝一下，换一换口味。

　　春水、冬水、梅水、秋水，四季雨水果真可以分别？哪一种滋味更好？这实在需要敏感的舌头才能感知。风雷是蛟龙所致，白雪为五谷之精，这样的无稽之谈，影响了作者其他言论的可信度。但文震亨收集雨水的方法实在巧妙，在庭院中张开一块干净的布，被雨淋湿之后，布的中央自然凹下，只要在那下面放一只水桶就可以了。

　　雨水和雪水，经过处置之后用来烹茶，效果极好，又有一股超凡脱俗之气。《红楼梦》中，妙玉招待贾母，用的是"旧年蠲的雨水"，泡的茶是老君眉。妙玉随后给贾宝玉、林黛玉、薛宝钗三人献茶时，又是另一种款式，用的是存放五年的雪水。那雪又不是平常的雪，全部是落在梅花之上的雪。贾宝玉吃到嘴里，只感觉那茶水"轻浮无比"。

惠山后记 袁宏道①

　　茶与酒一也。惠山泉点茶特异，而酒味殊不如北酿。或者谓南水甘，北水冽，甘与酒不相宜，以是有异。余少有茶癖，又性不嗜酒，用是得专其嗜于茶。僻居江乡，日与新化②、安化泥汁渗潢③为偶，如好色人身处宛、邓，瘿瘤满室，自以为左嫱右施④，不知有识者之从旁欲呕也。吏吴以来，每逢好事者设茶供，未尝不举以自笑。然务烦心懒，茶癖尽蠲，虽复倾国在前，而主人耄且瞆，较之瘿瘤之嗜，十分未得一也。及余居锡城，往来惠山，始得专力此道。时瓶坛盏，未能斯须去身。凡朋友议论不彻处，古人诗文未畅处，禅家公案未释然处，一以此味销之，不独除烦雪滞已也。

　　一日，携天池斗品⑤，偕数友汲泉试茶于此。一友突然问曰："公今解官，亦有何愿？"余曰："愿得惠山为汤沐，益以顾渚、天池、虎丘、罗岕，陆、蔡诸公供事其中，余辈披缁衣⑥老焉，胜于酒泉醉乡诸公子远矣。"

《袁宏道集》

【注释】

　　①袁宏道（1568～1610）：字中郎，号石公，湖北公安县人，万历二十年进士，做过吴县知县，礼部主事，考功员外郎。有《袁

中郎集》等著作存世，文字清俊，与兄长袁宗道、弟弟袁中道并称"三袁"，是公安派的代表人物。

②新化：与安化相邻，都在湖南境内。

③渗潢：水塘。潢，积水池。

④左嫱右施：美女环列。嫱，毛嫱；施，西施。都是古代著名美女。

⑤斗品：顶极品。《品茶要录》说："茶之精绝者，曰斗，曰亚斗。"

⑥缁衣：黑色衣服，也指僧尼的服装。

【赏读】

舌头是习惯的奴仆，再恶劣的水，喝的时间一久，也就习惯了。直到某一天尝到品质更高的水，回头再试旧水，才知道它有多糟。

袁宏道一直有茶癖，对于水的讲究却是在到了无锡，品尝了惠泉水之后才开始的。用惠泉烹点的茶水，效果不俗，在除烦雪滞之外，还可以解郁闷，启文思，助顿悟。

袁宏道因此对朋友表达自己未来的宏愿：有惠泉之水长相伴，有顾渚茶、天池茶、虎丘茶、罗岕茶这样的绝品可以信手拈来，同时要由陆羽、蔡襄负责候汤、洗盏、点茶，然后可以终老于是乡。

看来他真是喜欢上了惠山泉水。这也是许多人的爱好，与袁宏道差不多同时代的一位僧人在写给王百谷的一首诗中就有"惠山泉水虎丘茶，相对柴门路不赊"之句。袁宏道的弟弟袁中道也在诗中写过："携有虎丘茶，并饶惠泉水。闻香不见色，齿牙风谝谝。"

袁宏道死得早，四十二岁的时候就离开人世，没来得及品尝更多的佳泉名水，否则，他的观点或许会有一些变化。

游龙井记 袁宏道

龙井泉既甘澄，石复秀润。流淙从石涧中出，泠泠可爱。入僧房，爽垲可栖。余尝与石篑、道元、子公①汲泉烹茶于此。石篑因问龙井茶与天池孰佳？余谓龙井亦佳，但茶少则水气不尽，茶多则涩味尽出，天池殊不尔。大约龙井头茶虽香，尚作草气，天池作豆气，虎丘作花气，唯岕非花非木，稍类金石气，又若无气，所以可贵。岕茶叶粗大，真者每斤至二千余钱。余觅之数年，仅得数两许。近日徽人有送松萝茶者，味在龙井之上，天池之下。

龙井之岭为风篁②，峰为狮子，石为一片云、神运石③，皆可观。秦少游旧有《龙井记》，文字亦爽健，未免酸腐。

《袁宏道集》

【注释】

①石篑：陶望龄。道元：黄国信。子公：方文僎。袁宏道游览杭州，三人曾为游伴。

②风篁：风篁岭下就是龙井茶的产地。

③神运石：风篁岭、神运石、一片云都属于"龙井八景"。

【赏读】

陶望龄是浙江会稽人，在明神宗万历十七年的会试当中名列第一，殿试名列第三，授翰林编修，国子监祭酒。袁宏道担任吴县知县的时候曾经款待过他。万历二十五年初，袁宏道辞掉知县一职，前往浙江游玩，这一次陶望龄成为地主，特意赶往杭州迎接袁宏道，陪伴他游览各地，其中就到了龙井。

到龙井，自然要品泉品茗。大概袁宏道并没有喝出龙井水有什么特别之处，只是概括地说它"甘澄""泠泠可爱"。

对于茶，袁宏道说的话要更多一些，并且要给名茶做一个排行。梳理一下袁宏道的言论，大约是芥茶最佳，其次虎丘茶，再次天池茶、松萝茶，最后才是龙井茶。

袁宏道评点各种茶的气息，算得上精准——草气的龙井、豆气的天池、花气的虎丘、金石气的芥茶。这也让他的排行榜更具可信度，只是这一类的排行，总容易引起争议，毕竟，每一种名茶都有自己坚定的拥趸。

比如有人更喜欢虎丘茶，说："虎丘茶色味香，韵无可比拟。"万历年间的屠隆也说："虎丘茶最号精绝，为天下冠。"如果屠隆遇到袁宏道，谈论起茶来，一场争论不可避免。

禊泉　张岱

　　惠山泉不渡钱塘，西兴脚子挑水过江，喃喃作怪事。有缙绅先生造大父，饮茗大佳，问曰："何地水？"大父[①]曰："惠泉水。"缙绅先生顾其价[②]曰："我家逼近卫前，而不知打水吃，切记之。"董日铸[③]先生常曰："浓、热、满三字尽茶理，陆羽《经》可烧也。"两先生之言，足见绍兴人之村之朴。

　　余不能饮潟卤[④]，又无力递惠山水。甲寅[⑤]夏，过斑竹庵，取水啜之，磷磷有圭角，异之。走看其色，如秋月霜空，噀天为白；又如轻岚出岫，缭松迷石，淡淡欲散。余仓卒见井口有字划，用帚刷之，"禊泉"字出，书法大似右军，益异之。试茶，茶香发。新汲少有石腥，宿三日气方尽。辨禊泉者无他法，取水入口，第挢舌舐腭，过颊即空，若无水可咽者，是为禊泉。好事者信之。汲日至，或取以酿酒，或开禊泉茶馆，或瓮而卖，及馈送有司。董方伯守越，饮其水，甘之，恐不给，封锁禊泉，禊泉名日益重。会稽陶溪、萧山北干、杭州虎跑，皆非其伍，惠山差堪伯仲。在蠡城[⑥]，惠泉亦劳而微热，此方鲜磊，亦胜一筹矣。长年卤莽，水递不至其地，易他水，余笞之，詈同伴，谓发其私。及余辨是某地某井水，方信服。昔人水辨淄、渑，侈[⑦]为异事。诸水到口，实实易辨，何待易牙？余友赵介臣亦不余信，同事久，别余去，曰：

"家下⑧水实进口不得，须还我口去。"

《陶庵梦忆》

【注释】

①大父：祖父。

②价：仆人，随从。

③董日铸：绍兴人，富于藏书。

④潟卤：盐碱地。这里指含盐、含碱太多的水。

⑤甲寅：万历四十二年。

⑥蠡城：绍兴。

⑦侈：夸大。

⑧家下：家里。

【赏读】

禊泉在绍兴城中的斑竹庵之内，因泉成井，井旁有一块老碑，上书"禊泉"二字，湮没已久。万历四十二年，张岱偶然发现了这眼泉水之妙。

张岱的祖父张汝霖非常会享受生活，饮水必喝惠泉。到了张岱这一代，张家的家境已经大不如前，摆不起那个谱，于是张岱改喝禊泉水。

我们可以从张岱这里学习如何辨别一种水的优劣。首先看泉，泉上弥漫着淡淡的水雾，说明泉水寒冽。把水盛在容器之中观察，品质好的水，会显得清碧透澈，水面可见细致的水纹，含一口水喷向空中，水雾轻白。此外，张岱还交代了自己辨别禊泉的一个秘诀："取水入口，第挢舌舐腭，过颊即空"，看起来让人莫名其妙。

其实，与惠泉水相比，禊泉最大的优点就是新鲜，刚打上来的泉水带着一点石腥气，要放上三天才好。大概张岱的住处与斑竹庵还有很远的距离，负责打水的仆人偷懒，从附近的地方打一些水，回去欺骗张岱，却被他尝了出来，招来一通责打。

揣测张岱的文字，似乎因为他的发现，当地人才开始重视襫泉水，每天来打水的人越来越多，有人用襫泉水造酒，有人用襫泉水开茶馆，更甚者直接贩卖襫泉水。地方长官害怕取水的人多，影响了自己饮用，干脆派人把襫泉看管起来。

张岱的说法应该有一些矜夸的成分。计算一下，万历四十二年他只有十七八岁，就算他当时已经懂得辨水尝水，他的话也不会有多少号召力。

阳和泉 张岱

禊泉出城中，水递者日至。臧获①到庵借炊，索薪、索菜、索米，后索酒、索肉；无酒肉，辄挥老拳。僧苦之，无计脱此苦，乃罪泉，投之刍秽。不已，乃决沟水败泉，泉大坏。张子②知之，至禊井，命长年浚之。及半，见竹管积其下，皆鳖胀作气；竹尽，见刍秽，又作奇臭。张子淘洗数次，俟泉至，泉实不坏，又甘冽。张子去，僧又坏之。不旋踵，至再、至三，卒不能救，禊泉竟坏矣。是时，食之而知其坏者半，食之不知其坏而仍食之者半，食之知其坏而无泉可食、不得已而仍食之者半。

壬申③，有称阳和岭玉带泉者，张子试之，空灵不及禊而清冽过之。特以玉带名不雅驯。张子谓：阳和岭实为余家祖墓，诞生我文恭④，遗风余烈，与山水俱长。昔孤山泉出，东坡名之"六一⑤"，今此泉名之"阳和"，至当不易。盖生岭、生泉，俱在生文恭之前，不待文恭而天固已阳和之矣，夫复何疑！

土人有好事者，恐玉带失其姓，遂勒石署之。且曰："自张志'禊泉'而'禊泉'为张氏有，今邸山是其祖垄⑥，擅之益易。立石署之，惧其夺也。"时有传其语者，阳和泉之名益著。铭曰："有山如砺，有泉如砥；太史遗烈，落落磊磊。孤屿溢流，'六一'

擅之。千年巴蜀，实繁其齿⑦；但言眉山，自属苏氏。"

《陶庵梦忆》

【注释】

①臧获：对奴仆的贱称，这里指运水的仆人。

②张子：张岱自称。

③壬申：崇祯五年。

④文恭：张岱的曾祖父张元汴，隆庆年间状元。

⑤六一：六一泉，在杭州孤山，由苏轼命名。

⑥祖垄：祖坟。

⑦齿：人口。

【赏读】

绍兴城里的禊泉名气越来越大，前来取水的人越来越多，禊泉所在的斑竹庵的僧人们不但没有因此受益，反而大受困扰——前来取水的差人、奴仆不但不感谢僧人，还向他们提出种种要求，稍不如意，便会拳脚相向。

僧人们不敢反抗，却有更好的抗争的手段，那就是毁掉那个带来麻烦的禊泉。于是禊泉变成了一眼臭水，不再清澈甘甜。张岱曾经努力拯救禊泉，带人疏浚淘洗，恢复旧貌。无奈僧人们的意志更坚决，疏浚的禊泉很快又被破坏。最终张岱只好放弃禊泉水，转向别处寻找代用品。

崇祯五年，张岱经人介绍，发现了阳和岭上的玉带泉，泉水清冽，但不如禊泉空灵。张岱不是一个安分的人，品水之余，马上提出要把玉带泉改名为阳和泉。

张岱改名的理由是，张家的祖坟就在阳和岭。据张岱在《家传》中记载，他的高祖张天复当年在天衣寺附近选定了一块好穴地，位置在山顶，张天复把自己的先人葬在那里。张天复在嘉靖年间考中进士，死后也埋葬在天衣寺附近。张天复的儿子，也就是张岱的曾祖父张元汴后来考中状元。张岱认为，自己的高祖父、曾祖父和后代的发达，与这一处茔地有很大的关系。

因为这个缘故，张岱认为自己有权为阳和岭上的这一眼泉水改名，就改成"阳和泉"。张岱的做法引起当地人的不安，怀疑他会进一步把这一眼泉水据为己有，就把泉的旧名"玉带泉"刻写在石头上，立在泉边，以为证明。

张岱也不含糊，写下一首泉铭，表明自己心胸磊落，又借苏轼之例，坚信百年之后，阳和泉一定会和他的名字联结在一起。这一点张岱说得没错。

卓锡泉[①]　屈大均

　　宝积寺有卓锡泉，子瞻以为过于清远峡水，实岭外[②]诸泉之冠。岭外惟惠人喜斗茶，此水殆不虚出云。泉久湮塞[③]，山中人莫知其处。崇祯间，有僧湛若者，尝于昧爽，见白气从崖石下缕缕而上，疑有异物燔[④]石。发之得一井，深二尺许，有碑云："古卓锡泉。"饮之味甘以冽，始知为子瞻所称之泉，其石乃震雷所坠也。予为铭曰："天生灵泉，以石封之。甘而不食，渊默自持。素华夕上，白气朝滋。寒含水玉，暖吐金芝。养蒙既久，时出如斯。于其始达，贵即充之。放乎四海，有本宜师。"

　　又七星坛北，有九眼井，晋王叔之[⑤]所凿，味亦甘，与卓锡泉相似，饮之除病。黄才伯[⑥]云："凡水出罗浮[⑦]者，大抵金液濡滋之所委，清冷甘美，可以蠲邪而起痼。虽人力所凿者皆美。"盖谓此也。然此穴本一泉眼也。

《广东新语》

【注释】

　　①标题为编者拟。卓锡：僧人居留某地。卓，植立。锡，锡杖。

　　②岭外：五岭以南。

　　③湮塞：堵塞，消失。

　　④燔：烘烤。

⑤王叔之：也写成王淑之，晋代人，也被归入南朝宋人。王叔之到过罗浮山。

⑥黄才伯：黄佐，字才伯，明武宗正德年间进士。

⑦罗浮：罗浮山，在惠州境内，道教名山。

【赏读】

卓锡泉，又名锡杖泉，在惠州罗浮山的宝积寺中。苏轼被贬往惠州，宋哲宗绍圣元年九月，苏轼乘坐肩舆赶到宝积寺，礼佛之后，喝了景泰禅师献上的卓锡泉水。

苏轼一路南来，迁居各地，先后品尝过汴河、淮河、汉江、长江等处江水，又在南康江、清远峡等处品尝过当地的江水，得出的结论有两条：一是江水比井水好喝，二是南方的江水比北方的江水好喝，尤其是清远峡的水，"色如碧玉，味亦益胜"。而卓锡泉水竟然比清远峡的水更好。苏轼感叹道："岭外惟惠人喜斗茶，此水不虚出也。"

苏轼还写过一篇《卓锡泉铭》，在序文中讲到卓锡泉水的特点是清凉滑甘，但是水量并不恒定，偶尔会有枯竭的时候。而且从其被发现到苏轼生活的年代，已经有几百年的时间。苏轼之后，卓锡泉不知道在什么时候又干涸消失，直到明末才被偶然发现，泉水甘甜寒冽。

山东泉水 王士禛

唐刘伯刍品水，以中泠为第一，惠山、虎丘次之。陆羽则以康王谷为第一，而次以谷帘、惠山。古今耳食①者遂以为不易之论，其实二子所见不过江南数百里内之水，远如峡中虾蟆碚，才一见耳，不知大江以北，如吾郡发地皆泉，其著名者七十有二，以之烹茶，皆不在惠泉之下。宋李文叔格非，郡人也，尝作《济南水记》，与《洛阳名园记》并传，惜《水记》不存，无以正二子之陋耳。谢在杭②品平生所见之水，首济南趵突泉，次以益都③孝妇泉（在颜神镇）、青州范公泉，而尚未见章丘之百脉泉。右皆吾郡之水，二子何尝梦见。予尝题王秋史（苹）二十四泉草堂云："翻怜陆鸿渐，跬步限江东。"正此意也。

《古夫于亭杂录》

【注释】

①耳食：听信传闻。

②谢在杭：即谢肇淛，字在杭，福建长乐人。

③益都：在山东。

【赏读】

名水通常与佳茗相距不太远，所以历来受人推崇的佳泉基本上处于传统的产茶区。

过去山东不产茶，生于山东的王士禛提出了一个很好的问题，那就是天下佳水，并不仅仅限于江南几百里的范围之内。王士禛很轻巧地拈出故乡的七十二眼好泉，认为它们的品质都不在惠泉之下。

身为山东人的王士禛的说法大概有些夸张，但是福建人谢肇淛学识不凡，见闻又广，他在品评天下之水时，提到的趵突泉、孝妇泉、范公泉都在山东境内，某种程度上可以为王士禛的观点提供有力的佐证。

如果把视野放得更宽广一些，我们可以看到更多好水，比如乾隆皇帝最喜欢的北京玉泉山泉水、承德的伊逊水，品质都是一流，绝不在中泠、惠泉之下。

名水成名，附近最好有佳茗伴生，更要有文人雅士的反复品题，要有众多非此水不喝的铁杆水迷，还要有岁月的长久积淀。在这方面，北方的好水差了许多，谢肇淛、王士禛等人的声音，还嫌太弱。

玉泉山天下第一泉记　爱新觉罗·弘历[1]

　　水之德在养人，其味贵甘，其质贵轻。然三者正相资质[2]，轻者味必甘，饮之而蠲[3]疴益寿。故辨水者恒于其质之轻重分泉之高下焉。尝制银斗较之，京师玉泉之水斗重一两，塞上伊逊[4]之水亦斗重一两。济南珍珠泉斗重一两二厘，扬子金山泉斗重一两三厘，则较玉泉重二厘或三厘矣。至惠山、虎跑则各重玉泉四厘，平山重六厘，清凉山、白沙、虎丘及西山之碧云寺，各重玉泉一分。是皆巡跸[5]所至，命内侍精量而得者。

　　然则无更轻于玉泉之水者乎？曰有。为何泉？曰非泉，乃雪水也。尝收积素[6]而烹之，较玉泉斗轻三厘。雪水不可恒得，则凡出山下而有洌者，诚无过京师之玉泉。昔陆羽、刘伯刍之伦，或以庐山谷帘为第一，或以扬子为第一，惠山为第二。虽南人享帚[7]之论也，然以轻重较之，惠山固应让扬子。具见古人非臆说，而惜其不但未至塞上伊逊，并且未至燕京。若至此，则定以玉泉为天下第一矣。

　　近岁疏西海为昆明湖，万寿山一带率有名泉，溯源会极，则玉泉实灵脉之发皇[8]，德水之枢纽，且质轻而味甘。庐山虽未到，信有过于扬子之金山者，故定名为天下第一泉。命将作崇焕神祠以资惠济，而为记以勒石。夫玉泉固趵突[9]山根，荡漾而成一湖者，诗人乃比之飞瀑之垂虹，即予向日题《燕山八景》亦何尝不随声云云？足见公论在世间，诬辞亦在世间，藉甚⑩既成，雌黄⑪难易。泉之于人，有德而无怨，犹不能免讹议焉。则挟德怨以应天下者，可以知惧，抑亦可以不必惧矣。

《御制文集》

【注释】

①爱新觉罗·弘历（1711～1799）：也就是通常所说的乾隆皇帝，在位六十余年，死后庙号高宗，有《御制文集》《御制诗集》存世。

②资质：在品质上互补。资，给予，帮助。

③蠲（juān）：除去。

④伊逊：承德伊逊河。

⑤巡跸：帝王出行巡视。

⑥积素：积雪。

⑦享帚：享帚自珍，自己的东西，虽然微贱却自视为珍宝。

⑧发皇：焕发，发达。这里指发源。

⑨趵突：喷涌。又泛指泉水。

⑩藉甚：盛大。

⑪雌黄：涂改文字，乱发议论。

【赏读】

乾隆皇帝称量水的轻重，是从祖父康熙皇帝那里学来的。康熙皇帝平时喝的就是玉泉山的水，康熙皇帝曾经在《庭训格言》中说过："人之养身，饮食为要，故所用之水最切。朕所经历多矣，每将各地之水，称其轻重，因知水最佳者，其分两甚重。"有意思的是，康熙皇帝认为，水越重，品质越好。这一点与乾隆皇帝的看法正好相反。乾隆皇帝有科学精神，特制了一个精致的水斗，用来称量各地名水的分量，结果是除了天然的雪水之外，最轻的水就是北京玉泉山的泉水。

玉泉山的水好，并不是乾隆皇帝的发现，在明代时它就是御用之水。明朝北京城中的玉河的源头就在玉泉山，穿过紫禁城，注入大通河。明代时对于玉河的水有严格的规定，河水只供大内使用，剩下的补充进大运河，百姓与官府都不能取用河水。

北京的井水大部分是苦水，稍好一点的，称为二性子水，只有少数的井水是甜水，通常是因为靠近泉脉。安定门外的甜水井最多，明清时代，如果谁在北京掌握了一处甜水井，依靠卖水就能得到很好的收入。北京又有许多山东人，专门为人家挑水送水。玉泉山水专供宫廷使用，有专门的运水夫。一些人通过贿赂运水夫，可以找个合适的时机，截留一点御水，尝一尝玉泉山水的滋味。当然，他们肯定是一些嗜茶者，用这些水泡茶。

大体而言，关于水品，最敢下结论的是唐朝人，最讲究的是宋朝人，明朝人在这个问题上少有创见，而且已经开始有些含糊。有清一代，除了乾隆皇帝这一篇令人有几分疑惑的《第一泉记》，再无贡献。清代学者梁章钜在《归田琐记》中大谈品泉，仅仅凭着自己品尝过武夷山的瀑布水，凭着乾隆皇帝的一篇《玉泉山天下第一泉记》，就敢断言说"品泉始于陆鸿渐，然不及我朝之精"，实在是夸大其辞。

在品水的问题上，总体的印象就是，时代愈近，人们愈重茶轻水了。

水癖^①　李斗^②

　　季雪村居射圃^③，地宽可较射。中构小室四五楹，皆雪村所居。雪村有水癖，雨时引檐溜贮于四五石大缸中，有桃花^④、黄梅、伏水、雪水之别。风雨则覆盖，晴则露之使受日月星之气。用以烹茶，味极甘美。

《扬州画舫录》

【注释】

　　①标题为编者拟。

　　②李斗（生卒年不详）：字艾塘，又字北有，江苏仪征人，自幼失学，好游山水，著有《永报堂集》，其中包括《扬州画舫录》十八卷，区分扬州，细述各处园亭名胜、风土人物，笔墨洗练，堪称经典。

　　③射圃：练习射箭的场地。

　　④桃花：桃花开放时收集的雨水。

【赏读】

　　南方有水癖的人很多，茶肆也多，《儒林外史》第二十四回中如此描述南京茶肆之多："大街小巷，合共起来，大小酒楼有六七百座，茶社有一千余处。不论你走到一个僻巷里面，总有一个地方悬着灯笼卖茶，插着时鲜花朵，烹着上好的雨水，茶社里坐满了吃茶的人。"

南京茶馆中使用最多的是雨水，从《扬州画舫录》的记载来看，扬州喜欢收集雨水泡茶的人也不少，但是，像这位季雪村一样对雨水进行分类的人，却是罕见。入伏时的雨水、黄梅季节的雨水、桃花时节的雨水，中间就算有一点分别，也一定相当微妙，需要舌尖足够敏感和刁钻，才能分别出来。

射圃附近有扬州著名的小洪园，园中多梅，充斥着怪石老木。选择在这里居住的季雪村，定是一个会享受的人。

卷四

茶器

论茶器 蔡襄

茶焙

茶焙编竹为之，裹以蒻叶。盖其上，以收火也。隔其中，以有容也。纳火其下，去茶尺许，常温温然，所以养茶色香味也。

茶笼

茶不入焙者宜密封，裹以蒻，笼盛之，置高处，不近湿气。

砧椎

砧椎盖以碎茶。砧以木为之，椎或金或铁，取于便用。

茶钤

茶钤屈金铁为之，用以炙茶。

茶碾

茶碾以银或铁为之。黄金性柔，铜及鍮石皆能生铓[①]，不入用。

茶罗

茶罗以绝细为佳，罗底用蜀东川鹅溪画绢之密者，投汤中揉洗以羃②之。

茶盏

茶色白，宜黑盏。建安所造者绀③黑，纹如兔毫。其坯微厚，熁之久热难冷，最为要用。出他处者，或薄，或色紫，皆不及也。其青白盏，斗试家自不用。

茶匙

茶匙要重，击拂有力，黄金为上。人间④以银、铁为之。竹者轻，建茶不取。

汤瓶

瓶要小者，易候汤，又点茶注汤有准。黄金为上，人间以银、铁或瓷石为之。

《端明集》

【注释】

①錀（yú）：一种石料。

②羃（mì）：蒙住，覆盖。

③绀（gàn）：略带红色的黑色。

④人间：民间。

【赏读】

这是一份宋代茶具的清单，是蔡襄《茶录》下篇的主要内容，比陆羽《茶经》中罗列的唐代茶具要简明许多。

茶焙与茶笼，是茶业的经营者或者大户人家才用得到的。砧椎用来捣碎茶饼，茶钤用来夹住茶饼，就火烘烤。以上四种，都是专业级别的饮茶者必须具备的。对于宋代的普通饮茶者来说，只要准备下面五种茶器就够用了。

茶碾是唐、宋时期煎茶的必备品，制式与药碾相近。《茶经》中的茶碾是木制的，蔡襄记录的茶碾改用金属。木制的茶碾很难把茶饼碾得足够细碎，金属的茶碾比较有力，缺点是容易生锈，容易带来异味。因此，同样讲究饮茶的北宋文学家黄庭坚使用的是石制的茶磨，力道比木制茶碾要强大，既能把茶饼磨成细末，也不容易串味儿。然后用茶罗去筛，保证茶末足够细，足够均匀。

重视茶盏的人，更多的是那些斗茶者——他们要显衬茶汤之白，所以选用深颜色的茶盏；他们要得到长久的茶乳，所以选用厚胎的茶盏。受他们的影响，宋代的极品茶盏胎厚、色黑。

茶匙是用来击茶、拂茶的，动作要快速有力，要有规律，不能胡搅。蔡襄强调茶匙的材质必须是金、银、铁，不能用竹制，以使力道更强。实际上，宋代还有一种击茶拂茶的工具，称为"竹筅"，是用一束竹丝捆扎起来，用来拂击茶汤，以使茶末与汤水充分混合，并且在茶汤表面产生更多的茶花，技术性很强。

煮水的汤瓶，材质是金、银、铁，也有瓷质、陶质的。宋代用汤瓶取代唐代的鼎、瓯，可以更方便地点茶，当水煮好时，可以提起汤瓶直接向碗盏中倾倒。缺点是不方便观察，不好掌握煮水的分寸。

与王泸州①书十七 黄庭坚

　　家园新芽似胜常年，辄往四种，皆可饮，但不知有佳石硙②否？石硙须洗，令无他茶气，风日极干之。芽子以疏布净揉，去白毛，乃入硙，少下而急转，如旋风落雪，方得所③。大率建溪令汤熟，双井宜嫩也。

《山谷集》

【注释】

　　①王泸州：王献可，字补之，宋哲宗时担任泸州知府，黄庭坚被贬涪州，正在王献可的治下，王献可对黄庭坚处处关照。

　　②硙（wèi）：石磨。

　　③得所：适宜，恰当。

【赏读】

　　黄庭坚给王献可寄送新茶，一共四种，当然这里面少不了黄氏家乡的特产双井茶。

　　这封信主要提醒朋友煎茶的几个要点。第一，要有好的茶磨，在煎茶的各个环节当中，黄庭坚一直很强调碾茶这个环节，给朋友写信介绍双井茶的饮法，屡屡叮嘱，在诗中也经常提及，比如一首《双井茶送子瞻》中写道：人间风日不到处，天上玉堂森宝书。想见东坡旧居士，挥毫百斛泻明珠。我家江南摘云腴，落硙霏霏雪不如。为公唤起黄州梦，独载扁舟向五湖。

第二，茶磨一定要彻底清洗干净，在晴好的日子里晒干，为的是除去其他茶饼留下的余味，保证味道的纯正。

第三，用干净的布包裹住茶芽，仔细揉净芽上的白毛。碾茶的时候，要少下茶，快旋转，尽可能快地把茶碾成细末。

最后一点交代是关于煎水的，要根据茶饼的不同来掌握。如果是建茶，水可以开得大一些，如果是双井茶，水就不能太烫。

黄庭坚强调碾茶、泡茶的细节，不厌其烦，唯恐朋友们操作不当，辜负了双井茶的好味道。殷殷切切，其实含有一点俗念。

与赵都监帖 黄庭坚

伏暑稍易堪，夜中清冷，美睡想殊得所。但当深思宝护玉体，立功名尔。所寄尺六观音纸①，欲书乐府，似大不韵②。如此乐府卷子，须镇殿将军与大夫娘对引角盆③，高揭万年欢④，乃相当也。一噱。

漫书一卷大字去。耒阳茶硙，穷日可得二两许，未能足得瓶子，且寄两小囊。可碾罗毕，更熟碾数百，点自浮花泛乳，可喜也。须佳纸，当奉寄，宜州纸只是包裹材器耳。彼易得藿香、草豆蔻否？所须通俗乐府，得暇当用小笺作一卷子去。庭坚顿首。

《山谷集》

【注释】

①观音纸：宋代江西制造的一种纸。

②大不韵：不风雅，不恰当。

③角盆：一种饮食容器。

④万年欢：宋代乐曲名，一般在宫廷宴会上演奏。

【赏读】

黄庭坚在这里明确地提到了耒阳的茶磨。耒阳在湖南境内，当地出产的汉白玉石料很有名气。

　　庄绰在《鸡肋编》中提到当时两种好石料，由其制出的茶磨最好用。一种石料是江西上犹县的掌中金，另一种就是耒阳的汉白玉。看来黄庭坚平时用的是耒阳茶磨，不是距离家乡更近的上犹掌中金。

　　两小囊的茶叶，大约一二两，如此珍重，应该是双井茶。用瓶子或者小囊来盛装，说明双井茶是散茶，没有制成茶饼、茶片。

　　《宋史·食货志》中把宋代的茶分为两大类，一类是片茶，一类是散茶。散茶主要在淮南和长江中游。片茶的制作需要模具，在采摘之后，经过蒸制，装入卷模当中，焙干之后串成长串。这其中比较特别的是建茶，当然也包括北苑的贡品茶，蒸过之后还要碾研，再装入竹制的格子里，放进焙室中烘焙，最为精洁。

茶拓子^①　王谠

　　茶拓子，始建中蜀相崔宁^②之女，以茶杯无衬，病其熨手，取碟子承之。既啜，杯倾，乃以蜡环碟中央，其杯遂定。即命工以漆环代蜡。宁善之，为制名，遂行于世。其后传者，更环其底，以为百状焉（贞元^③初，青郓^④犹绘为碟形，以衬茶碗，别为一家之样。后人多云拓子，非也。蜀相即升平崔家）。

《唐语林》

【注释】

　　①标题为编者拟。

　　②建中：唐德宗的年号。蜀相崔宁：崔宁做过西川节度使，也曾做过宰相。

　　③贞元：唐德宗的年号，在建中之后。

　　④青：青州。郓：郓城。二地都在山东境内。

【赏读】

　　历史上的某些发明源自奢侈的生活。崔宁在川中的时候，独霸一方，富贵至极。他的女儿当然也是处处讲究，喝茶的时候，嫌茶杯烫手，要用一只瓷碟子在下面托着。可是喝茶时茶杯又会在碟子里滑动，于是让人用蜡制成一个大小合适的圆环，把茶杯固定在碟子中央。以后，为了追求美观与牢固，再用漆环代替蜡环。

崔宁认为这个方法很好，给它起了一个名子叫茶拓子。这种带环的碟子很快流行开来，制式也多有变化。

一些文献中也把它称为"茶托""茶托子"。

盏 赵佶

　　盏色贵青黑，玉毫条达①者为上，取其燠发茶采色也。底必差深而微宽，底深则茶宜立②而易于取乳；宽则运筅旋彻③，不碍击拂。然须度茶之多少，用盏之大小。盏高茶少则掩蔽茶色，茶多盏小则受汤不尽。盏惟热，则茶发立耐久。

《大观茶论》

【注释】

　　①条达：纹理清晰流畅。

　　②立：发立，茶末与水混和。

　　③彻：透。

【赏读】

　　福建出产一种茶盏，黑色，有兔毫一样的细纹，颜色变化不定，称为"毫变"，价格高昂。黑色的茶盏便于衬托茶汤、乳花的颜色，所以是斗茶玩家的最爱，古人有诗说："内含纹泽细毫发，传是窑变非人为。宋家茶焙首北苑，必须此盏相鼓吹。"

　　除了颜色，赵佶强调的是茶盏的形状，首先要大小合适，碗口宽大，便于击茶、拂茶时竹筅的运转。此外茶盏的盏壁要厚，更好地保温，也利于乳花的持久。

筅 赵佶

茶筅以筋竹老者为之，身欲厚重，筅欲疏劲，本欲壮而末必眇^①，当如剑瘠之状。盖身厚重，则操之有力而易于运用。筅疏劲如剑瘠，则击拂虽过而浮沫不生。

《大观茶论》

【注释】

①眇：细小。

【赏读】

茶筅是一种特制的击茶工具，用竹丝做成，看起来像一把刷帚。用来击茶、拂茶，目地是要茶末与汤水充分混合，并在水面上产生一层汤花，汤花持续时间最长者为佳。这也是宋代斗茶比试的重要内容。

拂茶、击茶的手法包括动作的快慢、轻重与旋转，是一种很有技术含量的手艺。《宋人轶事汇编》提到，南宋权臣韩侂胄就雇用专人给自己拂茶，那个人是一家客栈的老板，最会拂茶击茶，每天都要去韩府三次，每次击茶一瓯，一个月下来，可以得到十千钱。

说到底，茶筅是茶饼、碾茶的伴生物，元代时还有诗专咏茶筅："万缕引风归蟹眼，半瓶飞雪起龙牙。香凝翠发云生脚，湿满苍髯浪卷花。"到了明代，随着饮茶方式的改变，茶筅也不多见了。

茶臼[①] 朱翌[②]

唐造茶与今不同。今采茶者，得芽即蒸熟焙干，唐则旋摘旋炒，刘梦得《试茶歌》："自傍芳丛摘鹰嘴，斯须炒成满室香。"又云："阳崖阴岭各殊气，未若竹下莓苔地。"竹间茶最佳，今亦如此。

唐未有碾磨，止用臼，多是煎茶。故张志和[③]婢樵青使竹里煎茶，柳子厚云："日午独觉无余声，山童隔竹敲茶臼。"

《猗觉寮杂记》

【注释】

①标题为编者拟。

②朱翌（1097～1167）：字新仲，号潜山居士，晚年自号省事老人，舒州（今安徽潜山县）人，宋徽宗政和年间考中进士，南宋初期为中书舍人，著有《猗觉寮杂记》二卷，《潜山集》三卷。

③张志和：字子同，浙江金华人，唐肃宗时做过翰林待诏，后来隐居不仕。

【赏读】

唐代制茶，采摘之后要尽快炒制，这一点与现在相似，不同于宋代的蒸茶、焙茶。但是，唐代煎茶之前要把茶捣碎，使用的是竹制的茶臼。

　　唐代隐士张志和性情高迈，自称"烟波钓徒"，擅长山水画，曾经与陆羽一起做过颜真卿的幕僚。唐肃宗曾经赐给张志和一男一女两个仆人，张志和让他们配为夫妻，为他们分别命名为渔童、樵青。

　　那位名叫樵青的女仆每天负责砍柴做饭，另一项重要的任务就是烹茶。所谓"竹里煎茶"，就是在竹臼中捣茶。而柳宗元在《夏昼偶作》中的两句"日午独觉无余声，山童隔竹敲茶臼"，也因为恰切描摹出隐居生活的幽韵而备受后人推崇。显然，茶臼是唐代隐居生活不可缺少的器具。

　　宋代人把茶压制成茶饼，单靠竹制的茶臼很难捣细，于是又有了石碾、铜碾。

石磨　庄绰①

南安军②上犹县北七十里石门保小逻村出坚石，堪作茶磨，其佳者号"掌中金"。小逻之东南三十里，地名童子保大塘村，其石亦可用，盖其次也。其小逻村所出，亦有美恶。须石在水中，色如角③者为上。其磨茶，四周皆匀如雪片，齿虽久更开断。去虔州④百余里，价直五千足，亦颇艰得。世多称耒阳⑤为上，或谓不若上犹之坚小而快也。

《鸡肋编》

【注释】

①庄绰（生卒年不详）：字季裕，清源（福建莆田市）人，在北宋、南宋之交曾经为官，有《鸡肋编》存世，学问颇有渊源，多识逸闻旧事。

②南安军：宋代设立，辖下包括大庚、南康和上犹，大约在现在江西省赣州一带。

③色如角：如角质一般，微微透明。

④虔州：赣州。

⑤耒阳：在湖南境内，以出产汉白玉闻名。

【赏读】

关于茶磨的来历，苏轼认为，人们为了穷尽茶的滋味，想到用碾磨把茶的叶片和叶梗一起碾碎。在一首《次韵黄夷仲茶磨》中，苏轼写道："前人初用茗饮时，煮之无问叶与骨。浸穷厥味白始用，复计其初碾方出。"

对于茶磨，各人看法不同，蔡襄认为最好是银制、铁制的。赵佶也认为银制和熟铁制的茶磨最好。黄庭坚最爱的是湖南耒阳的石磨。

《方舆胜览》中说，南安军的土产当中有茶磨石。苍碧缜密，也就是密度高，又硬又重。石中还有红色的脉线，鲜明好看。如果磨盘与磨轮用同一块石头雕琢而成，品质最好，看上去浑然天成，简直就是一件艺术品。

石质硬，做工细，用来碾茶自然又快又匀又细。南安军的石料之中，又以上犹的石料为精品，人们称其为"掌中金"，从这个名字也能看出它的精致华美。

有丧不举茶托 周密

凡居丧者，举茶不用托，虽曰俗礼，然莫晓其义。或谓昔人托必有朱，故有所嫌而然，要必①有所据。宋景文《杂记》云："夏侍中②薨于京师，子安期他日至馆中，同舍谒见，举茶托如平日，众颇讶之。"又平园《思陵记》，载阜陵③居高宗丧，宣坐、赐茶，亦不用托。始知此事流传已久矣。

《齐东野语》

【注释】

①要必：大体，总归。

②夏侍中：夏竦，曾经担任过宰相、枢密使等职务，封英国公，后来出任节度使，兼为侍中。儿子夏安期为赐进士出身，做过太常博士、工部郎中、枢密直学士等。

③阜陵：宋孝宗。

【赏读】

这里说的茶托，应该就是由《唐语林》中的"茶拓子"演化而来的。当初茶托上用朱漆来固定茶盏，所以说"昔人托必有朱"。

朱漆颜色红艳，有丧在身的人，自然不宜使用。夏竦有才学，懂权术，但是个人生活很混乱。在这些方面，他的儿子夏安期承袭乃父之风，注重个人享乐，而且《宋史》中称他"无学术"。所以他根本就不会在意茶托这一类细小的讲究，或者他干脆就是不知道。

宋孝宗不一样，他对宋高宗的孝敬，非同寻常。在臣子面前，他当然会谨守旧俗。

这也从反面证明，宋代人平时饮茶是需要用茶托的。保留至今的宋代瓷制盏托，上面都有现成的环状凹痕，为碗盏的底部预留，不见朱漆的痕迹。

瓯注 许次纾

茶瓯古取建窑兔毛花者，亦斗碾茶用之宜耳。其在今日，纯白为佳，兼贵于小。定窑最贵，不易得矣。宣、成、嘉靖，俱有名窑，近日仿造，间亦可用。次用真正回青^①，必拣圆整，勿用啙窳^②。

茶注以不受他气者为良，故首银次锡。上品真锡，力大不减，慎勿杂以黑铅。虽可清水，却能夺味。其次内外有油^③瓷壶亦可，必如柴、汝^④、宣、成之类，然后为佳。然滚水骤浇，旧瓷易裂，可惜也。近日饶州所造，极不堪用。

往时龚春茶壶^⑤，近日时彬所制，大为时人宝惜。盖皆以粗砂制之，正取砂无土气耳。随手造作，颇极精工，顾烧时必须火力极足，方可出窑。然火候少过，壶又多碎坏者，以是益加贵重。火力不到者，如以生砂注水，土气满鼻，不中用也。较之锡器，尚减三分。砂性微渗，又不用油，香不窜发，易冷易馊，仅堪供玩耳。其余细砂，及造自他匠手者，质恶制劣，尤有土气，绝能败味，勿用勿用。

《茶疏》

【注释】

①回青：明代的瓷器颜料，用于生产青花瓷器。

②呰（cǐ）窳（yǔ）：呰，同"疵"，有缺欠。窳，粗劣，有瑕疵。

③有油：施釉。

④柴、汝：柴窑、汝窑。

⑤龚春茶壶：龚春也写作供春，以制造紫砂壶而闻名。

【赏读】

杭州城的东部有一处宋代的园林，名为东园。据《东城杂记》记载，许次纾就住在东园一带。

许次纾的父亲许应元，字子春，明朝嘉靖年间进士，做过布政使。许应元有一个别号"茗山"，应该也是一个茶癖深重之人，许次纾是他的小儿子，自然很受影响，嗜茶之外，又写了一本《茶疏》。许次纾死后三年，他的朋友许才甫梦见许次纾托付他把《茶疏》刊刻成书，这本小书因此留存下来。

茶瓯就是茶盏，许次纾的时代崇尚白瓷，因此定窑与宣德、成化年间的名窑瓷杯最受推重，青花瓷器并不被看好。

茶壶，许次纾认为银质、锡质的都好用，瓷壶也好。但许次纾强调要"内外有油"，就是内外施釉。当时紫砂的名气还没有后来那么响亮。许次纾认为，只有出自名家的紫砂壶才可用，不然会有土气，茶汤也容易冷却、变质。此为的论。

茶垆、汤瓶 文震亨

茶垆，有姜铸铜饕餮兽面①火垆，及纯素②者，有铜铸如鼎彝者，皆可用。

汤瓶铅者为上，锡者次之，铜者亦可用。形如竹筒者，既不漏火又易点注。瓷瓶虽不夺汤气，然不适用，亦不雅观。

《长物志》

【注释】

①姜铸：元代时在杭州有姜娘子一家，善铸铜器，式样可观，纹饰精美。饕餮：饕餮纹饰。

②纯素：纯朴，无纹饰。

【赏读】

茶炉是必不可少的一样茶具，尤其是出游、山居者必备。宋元时期有不少吟咏茶炉的好诗句，比如"丹鼎山头气，茶炉竹外烟""茶炉烟起知清兴，棋子声疏识苦心""苔井分丹水，茶炉煮白云"。

铜铁铸造的茶炉固然耐用、美观，但价格太高，而且分量大，不易携带。所以比较常见的还有一种竹制茶炉。

对于茶瓶的选择，文震亨的看法与宋徽宗赵佶大致相当，就是尽量采用金属材质的茶瓶，比如铅、锡、铜。这其中，赵佶认为金银最好，文震亨则认为铅瓶最好。

　　细节方面，宋徽宗是点茶高手，特别强调茶瓶的茶嘴。文震亨注重的是茶瓶整体的形状，要细而高，让瓶嘴远离炭火，以免炭气窜入，又方便向茶盏中注水。

　　需要注意的一点是：宋代与明代的饮茶方式不同，宋代是把碾好的茶末放在茶盏之中，再把烧好的热水直接从茶瓶倒入茶盏中。明代在茶瓶与茶盏之间加入一把茶壶，吸引了人们的关注，茶瓶的形制也就不那么重要了。

茶壶 文震亨

茶壶以砂者为上，盖既不夺香，又无熟汤气。供春[①]最贵，第形不雅，亦无差小者。时大彬所制又太小，若得受水半升，而形制古洁者，取以注茶，更为适用。其"提梁""卧瓜""双桃""扇面""八棱细花""夹锡茶替""青花白地"诸俗式者，俱不可用。锡壶有赵良璧[②]者亦佳，然宜冬月间用。近时吴中"归锡"[③]、嘉禾"黄锡"[④]，价皆最高，然制小而俗，金银俱不入品。

《长物志》

【注释】

①供春：也称龚春。

②赵良璧：明代锡器名家。

③归锡：归懋德所制锡器。

④黄锡：黄元吉所制锡器。

【赏读】

文震亨把砂壶的好处归结为两点：不夺香，无熟汤气。被后世奉为瑰宝的供春壶、大彬壶，竟然被他视为鄙俗不可用，十分有趣。

砂壶之外，茶壶的材质其实可以多种多样，各有短长。明代时在苏州一带出现了许多顶级的工匠，除了供春和时大彬的砂壶，金器、银器、玉器、玛瑙、铜器等都有人专工其制，其中赵良璧在锡器方面做得最好。这一类器物制作技艺精良，无与伦比，当然价格也极为昂贵，时人争相购买。

名家制作的锡茶壶，款美价高，用来泡茶也还恰当，但光泽闪亮的样子总让人感到几分俗气。

茶盏 文震亨

宣庙①有尖足茶盏，料精式雅，质厚难冷，洁白如玉，可试茶色，盏中第一。世庙②有坛盏，中有茶汤果酒，后有"金箓大醮坛③用"等字者，亦佳。他如"白定④"等窑，藏为玩器，不宜日用。盖点茶须燲盏令热，则茶面聚乳，旧窑器燲热则易损，不可不知。又有一种名"崔公窑⑤"，差大，可置果实，果亦仅可用榛、松、新笋、鸡豆、莲实不夺香味者，他如柑、橙、茉莉、木樨之类，断不可用。

《长物志》

【注释】

①宣庙：明宣宗，年号宣德。

②世庙：明世宗，年号嘉靖。

③箓（lù）：道教中记录天神名字的书。醮坛：道教祭神的仪式。

④白定：定窑瓷器，为白色。

⑤崔公窑：景德镇民窑中的佼佼者，仿宣德、成化年间官窑制品，精美异常。

【赏读】

宋代人看重茶面的乳花，所以推重颜色暗重的兔毫盏；明朝人更愿意欣赏茶汤之色，因此推重白瓷盏。宋、金时代定窑出产的白瓷，莹白如玉，但如此名贵的古瓷器只宜赏玩，并不实用。

明代的瓷器当中，宣德、成化、嘉靖等年间出品的御用瓷器品质最佳，为后代珍重。明世宗崇信道教，嘉靖年间经常在宫中搞一些斋醮活动，还特制了一些瓷器，标有"金箓大醮坛用"的字样，俗称为"坛盏"，极其精美。但比成化年间瓷器大为逊色，比如《遵生八笺》中就称其"制度、质料迥不及茂陵"。

宣德、成化、嘉靖年间的御用瓷器流入民间，当然数量稀少，价格高昂，不可能广为流传。于是民窑的高手参照这些精品，烧制出实用而精美的茶盏，景德镇的崔公窑脱颖而出。他们的茶盏比较大，中间还可以置放花果。

择炭 文震亨

汤最恶烟，非炭不可。落叶、竹筱①、树梢、松子之类，虽为雅谈，实不可用。又如"暴炭""膏薪"浓烟蔽室，更为茶魔。炭以长兴茶山出者，名"金炭"，大小最适用。以麸火引之，可称"汤友"。

《长物志》

【注释】

①筱（xiǎo）：细竹。

【赏读】

烹水不是制作烧烤，使用松枝、落叶，虽有野趣，却犯了烹水的大忌，因为它们容易生烟，烧出的水中会有烟燎之气。

烹水重要的是火的温度，还有火候的稳定。在这些方面，炭火的表现最好。陆羽就认为，燃料首推好炭，而且说"膏薪庖炭，非火也"，被脏污的木炭也不能用，这些都可以归入到文震亨所谓的"茶魔"之列。

最好的燃料是金炭，产在长兴，长兴这个地方真是一块宝地，茶好水好炭也好。这样的金炭要用麸火来引燃，单看这些燃料，就引人要尝一尝那水。

时大彬　张大复

时大彬之物，如名窑宝刀，不可使满天下，使满天下必不佳。古今名手，积意发愤，一二为而已矣。时大彬为人埴[①]，多袖手观弈，意尝不欲使人物色[②]之。如避租吏，惟恐匿影不深。吾是以知其必传。虽然，偃蹇[③]已甚，壶将去之。黄商隐曰："时氏之埴，出火得八九焉。"今不能二三，盖壶去之矣。故夫名者，身后之价，不可以先，不可以尽。吾友郑君约[④]之塑也，昙阳[⑤]死之。夫先与尽犹不可，况其有兼之者哉。悲夫！

《梅花草堂笔谈》

【注释】

①埴：土黄而细腻，也指陶器、砂器。制陶也称为抟埴。

②物色：发现，访求。

③偃蹇：傲慢，安卧，困顿。

④郑君约：郑约，字笔峰，新安人，擅长塑造佛像。

⑤昙阳：昙阳子，明朝万历年间年轻的女道士，江苏太仓人，据说得道成仙。昙阳子死后，当地人纷纷来请郑约为昙阳子塑像，郑约劳累猝死。

【赏读】

张大复对时大彬的紫砂壶评价极高，认为"时彬壶不可胜"，他在《梅花草堂笔谈》中提到一个名叫赵凡夫的人，不惜重金请人制作砂壶，不中意的就砸掉，一定要在紫砂壶上有所突破和创新，结果并不理想。

张大复认为时大彬壶可比宝刀与名瓷，但不可太多太滥。只是当时时大彬的名声太大，他的紫砂壶的声望太高，透支了未来的声誉。张大复认为时大彬的声名来得太早，本该死后享有的许多东西提前到来。时大彬也是凡人，难以克服许多的诱惑，比如他会选择弟子制作的一些砂壶，题上自己的名款，因此张大复反而不看好大彬壶的未来。

张大复的朋友郑约与时大彬一样，擅长塑造，只不过他塑制的不是砂壶，是神像。郑约手艺精湛，声名与实利兼得，结果早早累死。

择品 高濂

凡瓶要小者，易候汤，又点茶注汤相应。若瓶大啜存，停久味过，则不佳矣。茶铫[①]、茶瓶，磁砂为上，铜锡次之。磁壶注茶，砂铫煮水为上。《清异录》云："富贵汤，当以银铫煮汤，佳甚。铜铫煮水，锡壶注茶次之。"

茶盏惟宣窑、坛盏为最，质厚白莹，样式古雅，有等[②]宣窑印花白瓯，式样得中，而莹然如玉。次则嘉窑[③]，心内"茶"字小盏为美。欲试茶色黄白，岂容青花乱之？注酒亦然，惟纯白色器皿为最上乘品，余皆不取。

《遵生八笺》

【注释】

①铫：煮水的容器。

②有等：有些，有的。

③嘉窑：嘉靖年间的官窑。

【赏读】

高濂论"煎茶四要"，第一是择水，第二是洗茶，第三是候汤，第四是择品。在这里，择品就是挑选茶具。

一般的看法认为，烹水的容器以金属器为上，比如银壶、铜壶、锡壶。高濂却以瓷壶、砂壶为上，铜、锡次之，这只能算是个人偏好的不同。

明代的茶盏尚白，因为白色的质地最能衬出茶汤本身的颜色，所以高濂认为茶盏最好是纯白色。当然，这种纯白色是指茶盏的内壁，按照这样的标准，青花茶盏就不中用。

嘉靖年间烧制的一种小茶盏，内心中带着一个"茶"字，应该属于坛盏中的一种，高濂却没有具体说出它好在哪里。

茶夹①铭 李贽②

唐右补阙綦毋旻著《代茶饮序》③云："释滞消壅④，一日之利暂佳；瘠气耗精，终身之苦斯大。获益则归功茶力，贻害则不谓茶灾。"余读而笑曰："释滞消壅，清苦之益实多；瘠气耗精，情欲之害最大。获益则不谓茶力，自害则反谓茶殃。"吁！是恕己责人之论也。乃铭曰：我老无朋，朝夕唯汝。世间清苦，谁能及子？逐日子饭，不辨几钟；每夕子酌，不问几许。夙兴夜寐，我愿与子终始。子不姓汤，我不姓李，总之一味，清苦到底。

《焚书》

【注释】

①茶夹：茶具，长柄夹子，多为竹制，可以夹取茶壶中的茶末。

②李贽（1527～1602）：本姓林，名载贽，后改名李贽，字宏甫，号卓吾，又号温陵居士，福建晋江人，明代思想家，著有《焚书》《藏书》等。

③綦毋旻：唐代人，有才学，不饮茶。《代茶饮序》也有写作《茶饮序》的。

【赏读】

李贽是一个狂人，万历年间剃发为僧，专心著述。七十岁时，他的身边没有儿孙、家仆，都是寺院的僧人，李贽写下一份《豫约》，叮嘱身后之事：如果有人祭祀他，只需要一饭、一茶和少许豆豉，要烧好香，多烧纸钱，因为他喜欢钱。又要大家好好收藏他留下的书，不要借人、给人。

把茶与饭、豆豉列为自己的必须之物，可见李贽对茶的嗜好。别人赞茶，赞的是芳香、回甘，李贽不同寻常，只赞它的清苦，而且是清苦到底。他又把茶引为同类，生死不离，长相厮守，这是对茶的最高赞美。

李贽应该写一篇茶铭，他却把这篇文字献给别人不太注意的茶夹，真是一个怪人。

宣窑茶盏^①　谢肇淛

今龙泉窑世不复重，惟饶州景德镇所造遍行天下。每岁内府颁一式度^②，纪年号于下。然惟宣德款制最精，距迄百五十年，其价几与宋器埒^③矣。嘉靖次之，成化又次之。世宗末年所造金箓大醮坛用者，又其次也。

宣窑不独款式端正，色泽细润，即其字画亦皆精绝。余见御用一茶盏，乃画"轻罗小扇扑流萤"者，其人物毫发具备，俨然一幅李思训^④画也。外一皮函，亦作盏样盛之。小铜屈戌^⑤、小锁尤精，盖人间^⑥所藏宣窑又不及也。

《五杂组》

【注释】

①标题为编者拟。

②式度：法式，式样。

③埒：相等。

④李思训：唐代画家。

⑤屈戌：搭扣，环纽。

⑥人间：民间。

【赏读】

有时候，把几个人对于同一个问题的观点放到一起看，很有意思。

明代茶盏尚白，谢肇淛认为宣德瓷器款式端正，色泽细润，字画精美，可以与宋代瓷器媲美。其次是嘉靖瓷器，再次是成化瓷器。

文震亨在《长物志》中也认为宣德瓷器最好，明世宗嘉靖年间制造的"金箓大醮坛用"瓷器也很好，谢肇淛却把它排到了最后。《物理小识》中则说："宣彩未若成彩浅深入画也。"

陈贞慧的看法却不大一样，"国朝窑器之精者，无逾宣、成二代，宣乃远不及成"，认为明代瓷器之中，宣德、成化年间的品质最好，而且成化瓷品有内韵，要远远胜过宣德瓷品。

盏色^①　谢肇淛

　　蔡君谟云："茶色白，故宜于黑盏，以建安所造者为上。"
此说余殊不解。茶色自宜带绿，岂有纯白者？即以白茶注之黑
盏，亦浑然一色耳，何由辨其浓淡？今景德镇所造小坛盏，仿大
醮坛为之者，白而坚厚，最宜注茶。建安黑窑间有藏者，时作红
碧色，但免俗^②尔，未当于用也。

《五杂组》

【注释】

　　①标题为编者拟。

　　②免俗：不同寻常。

【赏读】

　　关于茶盏的颜色，蔡襄在《茶录》中的原话是："茶色白，宜黑盏。
建安所造者绀黑，纹如兔毫。其坯微厚，熁之久热难冷，最为要用。出
他处者，或薄，或色紫，皆不及也。其青白盏，斗试家自不用。"

　　蔡襄所说的茶色，更多是指茶汤表面乳花的颜色。除了颜色黑，
建安茶盏还有一个重要的特点，就是胎体厚，保温，易于产生茶花，
表现茶花。最关键的一点，蔡襄说的是宋代斗茶者的选择偏好。谢
肇淛有一点断章取义。

鹦鹉啄金杯 陈贞慧

窑器，前朝如官、哥、定等窑，最有名，今不可多得矣。余家藏白定百折杯[1]，诚茶具之最韵，为吾乡吴光禄[2]十友斋中物，屡遭兵火，尚岿然鲁灵光[3]也。国朝窑器之精者，无逾宣、成二代，宣乃远不及成。宣则鸡文粟起，佳处易见；成则淡淡穆穆[4]，饶风致，如食橄榄，妙有回味耳。

余友问卿[5]家藏鹦鹉啄金杯，高足磐口，亭亭玉立，一名四妃十六子，又名太平双喜，淡白中见殷碧离离[6]之色，真如撒卜嵌空[7]，樱桃的历[8]，宝光欲浮，使人不能手[9]。每过云起楼，促膝飞觥，出成杯劝酒，醉眼婆娑，睹此太平遗物，不胜天宝琵琶之感（云起楼，吴问卿先姑丈城中宅，栏槛花石甚丽）。

《秋园杂佩》

【注释】

①白定百折杯：定窑瓷器为白色，也称白定，百折杯是指其形状。

②吴光禄：义兴（宜兴）人，以收藏闻名。

③鲁灵光：鲁殿灵光，硕果仅存的人或物。

④穆穆：端庄，和美。

⑤问卿：吴问卿。

⑥殷碧离离：殷，黑红色。碧，青绿色。离离，隐约，飘动，若断若续。

⑦撒卜嵌空：撒卜，撒卜泥。《格致镜原》中有"回回石头"，包括三种绿石。其中，下等带石浅绿色称为撒卜泥。嵌空，玲珑。

⑧的历：光明，鲜亮。

⑨不能手：不能释手。

【赏读】

国亡之后，残山剩水，戚戚可念。陈贞慧栖居荒园之中，摊书涤砚，不足以消耗闲心，于是牺牲了"松间一日瞌睡"，提起笔来，采掇一些曾经的身边细物。他写兰花，写砚台，写折扇、写微雕，为我们留下隽永的小品文，这些文字集成一本《秋园杂佩》。

这其中与茶相关的有三篇，一篇写茶，两篇写茶器。陈贞慧家里曾经藏有一只定窑的百折杯，后来卖给他人。陈家在陈贞慧这一代已经走下坡路。

云起楼中的那一只鹦鹉啄金杯，是太平岁月的纪念，这种东西很稀少。曾经坚如磐石的河山可以破碎，庞大雄壮的军队可以烟消雾散，一只小小的、易碎的小瓷杯反而被完整地保存下来，耐人寻味。

时大彬壶 陈贞慧

时壶名远甚，即遐陬绝域^①犹知之。其制始于供春壶，式古朴风雅，茗具中得幽野之趣者，后则如陈壶、徐壶，皆不能仿佛大彬万一矣。一云：供春之后四家，董翰、赵良、袁锡，其一则大彬父时鹏也。彬弟子李仲芳，芳父小圆壶，李四老官号养心，在大彬之上，为供春劲敌，今罕有见者。或沦鼠菌^②，或重鸡彝^③，壶亦有幸有不幸哉！

《秋园杂佩》

【注释】

①遐陬绝域：偏僻的地方。遐陬，边远一隅。绝域，遥远之地，与外界隔绝之地。

②鼠菌：形容极为卑贱，价格低廉。

③鸡彝：古代祭器，刻有鸡形纹饰的酒樽，价格昂贵。

【赏读】

落魄中的陈贞慧，在明代的遗老当中很有号召力，经常有人寻到他隐居之地，流连痛饮。

大家之间的话题当然大多是回忆，回忆就是不肯忘记，就是不肯与现实苟同。陈贞慧怀想自己品鉴过的茶与茶器，专拣其中的精品，茶是庙后，杯是啄金杯，壶是大彬壶。这很残忍，同时又带着一点快意，一下一下戳痛伤疤的快意。

同样的陶壶，只因为名气上的差别，有的价值连城，被珍重收藏；有的贱如泥土，难寻踪迹。穷达通变，物各有数，陈贞慧感叹陶壶中的幸者与不幸者，其实更是在感慨人世间的不同际遇，感慨自己的命运。

露兄　张岱

　　崇祯癸酉[1]，有好事者开茶馆，泉实玉带，茶实兰雪。汤以旋煮，无老汤，器以时涤，无秽器，其火候、汤候，亦时有天合之者。余喜之，名其馆曰"露兄"，取米颠[2]"茶甘露有兄"句也。为之作《斗茶檄》，曰："水淫茶癖，爱[3]有古风；瑞草雪芽，素称越绝。特以烹煮非法，向来葛[4]灶生尘；更兼赏鉴无人，致使羽《经》积蠹[5]。迩者择有胜地，复举汤盟，水符递自玉泉，茗战争来兰雪。瓜子炒豆，何须瑞草桥边；橘柚查梨[6]，出自仲山圃内。八功德水[7]，无过甘滑香洁清凉；七家常事，不管柴米油盐酱醋。一日何可少此，子猷[8]竹庶可齐名；七碗吃不得了，卢仝茶不算知味。一壶挥麈，用畅清谈；半榻焚香，共期白醉[9]。"

《陶庵梦忆》

【注释】

　　①崇祯癸酉：崇祯六年。

　　②米颠：北宋书法家米芾，曾有诗句："饭白云留子，茶甘露有兄。"

　　③爱：从，原本。

④葛：低级，简陋。

⑤积蠹：尘封，积弊。

⑥橘柚查梨：苏轼在《滕相院经藏记》中有"自蜜及甘蔗，查梨与橘柚"等句，大意是说，食物的真味要自己品尝。这里指美味。

⑦八功德水：《方舆胜览》中说，在南京的钟山中有泉水，"一清、二泠、三香、四柔、五甘、六净、七不饐、八蠲痾"。

⑧子猷：王徽之，字子猷，王羲之的儿子，酷爱竹子。

⑨白醉：浮白酒醉。

【赏读】

一间茶馆，使用的茶是张岱参与创制的兰雪茶，煎茶的泉水是张岱熟悉的玉带泉（张岱为玉带泉改名为阳和泉），茶馆是张岱命名的"露兄"，又由张岱提笔为这家茶馆作了一篇《斗茶檄》。至此，张岱与这家茶馆的关系称得上深厚。

关系深厚，就要为之美言。张岱深晓茶客的心思，知道他们最在意什么，所以告诉大家露兄茶馆选用的是最有绍兴特色的茶和水，汤新器洁，而且火候、汤候都把握得极好，端到客人面前的一盏茶自然无比精妙。

张岱算得上一个称职的鼓吹者，最后挥动如椽巨笔，拟就一篇《斗茶檄》，文辞顿挫，"水符递自玉泉，茗战争来兰雪""一壶挥麈，用畅清谈；半榻焚香，共期白醉"。

张岱深谙传播诀窍，这样的文字，加上甘滑香洁的茶水，对读书人很有感染力，更有诱惑力。

竹炉联句序　朱彝尊①

　　锡山②听松庵僧人性海③，制竹火炉，王舍人④过而爱之，为作山水横幅，并题以诗。岁久炉坏，盛太常因而更制，流传都下，群公多为吟咏。图既失，诗犹散见于西涯、篁墩⑤诸老集中。梁汾⑥典籍，仿其遗式制炉，恒叹息旧图不可复得。及来京师，忽见之容若⑦侍卫所，容若遂以赠焉。未几容若逝矣。丙寅⑧之秋，梁汾携炉及卷过予海波寺寓，适西溟、青士、恺似⑨三子亦至，坐青藤下，烧炉试武夷茶，相与联句，成四十韵。明年梁汾将归，用书于册，以示好事之君子。

《曝书亭集》

【注释】

　　①朱彝尊（1629～1709）：字锡鬯，号竹垞，晚年又号小长芦钓师、金风亭长，秀水（今浙江嘉兴）人，做过翰林院检讨，参与编修《明史》。朱彝尊是清代著名诗人，经学家，有《日下旧闻》《曝书亭集》《经义考》等著作存世。

　　②锡山：又称惠山，在江苏无锡。

　　③性海：《六研斋笔记》中又称为真性海，听松庵僧人，与王孟端多有交往。

　　④王舍人：王孟端。

⑤西涯、篁墩：西涯，李西涯，即李东阳，号西涯，明孝宗、明武宗时做过内阁大学士。篁墩，程篁墩，即程敏政，字克勤，号篁墩，成化年间进士，做过礼部右侍郎。

⑥梁汾：顾梁汾，无锡人。

⑦容若：纳兰性德，字容若，满洲正黄旗人，康熙年间进士。

⑧丙寅：康熙二十五年。

⑨西溟、青士、恺似：朱彝尊的朋友。姜宸英，字西溟。周筤，字青士。孙致弥，字恺似。

【赏读】

这是一个关于茶炉、关于画、关于旧物传承的故事，曲折婉转。

按照《六研斋笔记》的记载，僧人性海曾经用竹子为王孟端制作了一个茶炉，即"编竹为炉，制雅而韵"，王孟端写诗题咏竹炉，又给性海画了一幅山水画。

茶炉是用竹子编制的，属于实用的器物，使用的时间一长，难免损坏。无锡人盛虞，字舜臣，仿照那只竹炉的制式，又制作了两只同样的茶炉，其中一只不远千里带往北京，送给他的叔叔——刑部的盛侍郎，还曾经在北京引起一阵轰动。

王士禛在《居易录》中也有类似的记载，他也见过王孟端的那幅山水画，画卷前面还有李东阳写的四个篆字："竹炉新咏"。

这些都是明朝故事。时间到了清初，另一位很有雅兴的顾梁汾又仿制了一只竹炉，而且从纳兰性德那里得到王孟端为性海创作的那一幅山水画，得之意外，自然惊喜异常。某一天，顾梁汾带上自己仿制的竹炉和画卷，来见朱彝尊。

擅长作诗的人，眼前的物事，随便拿来就可以作为题咏的对象。朱彝尊和几个朋友一边欣赏竹炉和画卷，一边琢磨诗句，一边啜饮武夷茶，自是风雅。

茶具　李渔①

　　茗注莫妙于砂壶，砂壶之精者，又莫过于阳羡，是人而知之矣。然宝之过情，使与金银比值，无乃仲尼不为之已甚乎？置物但取其适用，何必幽渺其说，必至理穷义尽而后止哉！凡制茗壶，其嘴务直，购者亦然，一曲便可忧，再曲则称弃物矣。盖贮茶之物与贮酒不同，酒无渣滓，一斟即出，其嘴之曲直可以不论；茶则有体之物也，星星之叶，入水即成大片，斟泻之时，纤毫入嘴，则塞而不流。啜茗快事，斟之不出，大觉闷人。直则保无是患矣，即有时闭塞，亦可疏通，不似武夷九曲之难力导也。

　　贮茗之瓶，止宜用锡。无论磁铜等器，性不相能，即以金银作供，宝之适以崇之耳。但以锡作瓶者，取其气味不泄；而制之不善，其无用更甚于磁瓶。询其所以然之故，则有二焉。

　　一则以制成未试，漏孔繁多。凡锡工制酒壶茶注等物，于其既成，必以水试，稍有渗漏，即加补苴，以其为贮茶贮酒而设，漏即无所用之矣；一到收藏干物之器，即忽视之，犹木工造盆造桶则防漏，置斗置斛则不防漏，其情一也。乌知锡瓶有眼，其发潮泄气反倍于磁瓶，故制成之后，必加亲试，大者贮之以水，小者吹之以气，有纤毫漏隙，立督补成。试之又必须二次，一在将成未镟②之时，一在已成既镟之后。何也？常有初时不漏，迨镟去锡时，打磨光滑之后，忽然露出细孔，此非屡验谛视者不知。此为浅人道也。

一则以封盖不固，气味难藏。凡收藏香美之物，其加严处全在封口，封口不密，与露处③同。吾笑世上茶瓶之盖必用双层，此制始于何人？可谓七窍俱蒙者矣。单层之盖，可于盖内塞纸，使刚柔互效其力，一用夹层，则止靠刚者为力，无所用其柔矣。塞满细缝，使之一线无遗，岂刚而不善屈曲者所能为乎？即靠外面糊纸，而受纸之处又在崎岖凹凸之场，势必剪碎纸条，作蓑衣样式，始能贴服。试问以蓑衣覆物，能使内外不通风乎？故锡瓶之盖，止宜厚不宜双。藏茗之家，凡收藏不即开者，于瓶口向上处，先用绵纸二三层，实褙④封固，俟其既干，然后覆之以盖，则刚柔并用，永无泄气之时矣。其时开时闭者，则于盖内塞纸一二层，使香气闭而不泄。此贮茗之善策也。若盖用夹层，则向外者宜作两截，用纸束腰，其法稍便。然封外不如封内，究竟以前说为长。

《闲情偶寄》

【注释】

①李渔（1611～1680）：原名仙侣，字谪凡，又字笠鸿，号笠翁，别署觉世稗官、随庵主人，浙江兰溪人。文学家、戏剧家，著有《玉搔头》等多部戏剧、《肉蒲团》等小说、《闲情偶寄》等杂著。

②镟：同"旋"，制作过程中的车削一道工序。

③露处：露天住宿，露天放置。

④褙：用布片或者纸片糊上。

【赏读】

关于茶壶，李渔认为阳羡制造的紫砂壶最为合用、恰当，但也仅此而已，不必罗列一长串深奥的理论。明末清初，嗜茶者对于紫砂壶、大彬壶的推崇无以复加，李渔对此不以为然。

李渔对茶壶有一个基本的要求，那就是壶嘴一定要做成直的，以免茶叶堵塞。

对于保存茶叶的茶瓶，李渔也有话要说。好的茶瓶必须做到两点，一是防止茶香外泄，再则阻断潮气侵入，因此茶瓶的密封一定要严紧。制作茶瓶的材料，不必金银，瓷质与铜质也不好，最合适的是锡制。

在这里，李渔表露出他一贯的文字风格，在他有话要说的地方，绝不吝惜笔墨，往往到了絮叨的程度。

小为贵① 冒襄

茶壶以小为贵，每一客一壶，任独斟饮，方得茶趣。何也？壶小香不涣散，味不耽迟。况茶中香味，不先不后，恰有一时，太早未足，稍缓已过。个中之妙，清心自饮，化而裁之②，存乎其人。

《岕茶汇钞》

【注释】

①标题为编者拟。

②化而裁之：领悟之后，细心掌控。

【赏读】

袁枚上武夷山，僧人供茶，用的是小壶小杯，茶壶只有拳头大小。俞蛟在《潮嘉风月》中所说的工夫茶，也用小壶小杯，最大的紫砂壶可以装半升水。

冒襄强调壶小为贵，这样可以使茶香更浓粹。但他说"一客一壶"，就有些变了味道。虽然这样可以由各人掌握泡茶的分寸，不过，遇到不会点茶的客人，就比较麻烦。三四个人坐在一起，人手一把茶壶，各忙各的，你添汤，我斟茶，他燔盏，场面必定十分混乱。大家虽然一起喝茶，但你不知道我杯中的茶味，我不清楚你壶中的浓淡，互相之间缺少了品题的共同点，必定趣味大减。

曼壶 钱泳①

　　陈鸿寿号曼生，钱塘人。以选拔得县令，官至海防司马，引疾归。花卉宗王西室②，山水近李檀园③。尝官宜兴，用时大彬法，自制砂壶百枚，各题铭款，人称之曰"曼壶"，于是竞相效法，几遍海内。余谓曼生诗文、书画、印章无所不精，不意竟传于"曼壶"，亦奇事也。

　　　　　　　　　　　　　　　　　　　　《履园丛话》

【注释】

　　①钱泳（1759～1844）：初名鹤，字立群，号台仙，又号梅溪，金匮县（今江苏无锡）人。钱泳长期充当幕僚，阅历丰富，精于诗文、书法，有《履园丛话》等著作。

　　②王西室：明代画家。

　　③李檀园：李流芳，字长蘅，明代画家，有《檀园集》。

【赏读】

　　关于砂壶上的款识，周高起在《阳羡茗壶系》中说，时大彬早期制壶，是请书法好的人在壶身上用笔墨写字，自己再用竹刀刻画，或者用印。以后时大彬刀笔渐熟，自己直接用刀在壶身上刻字，"书法闲雅，在《黄庭》《乐毅》帖间，人不能仿"。这些题款以后也成为鉴别大彬壶的重要依据。另一位名手李仲芳，经常替代时大彬刻款，手法稍逊。

陈曼生自幼聪颖，擅长诗画，篆刻精良，而且喜欢结交朋友。最初派他到广东任职，两江总督奏报朝廷，把他留在河南。后来做过溧阳县知县，升为河工海防同知，五十多岁时死在任上。

陈鸿寿的制壶技艺当然比时大彬、李仲芳差得很远，他能够自成一家，得益于他在书画、篆刻上的修养与历练，曼壶的引人之处，在于紫砂壶艺与书法篆刻的结合。

卷五

茶所

茶肆 吴自牧①

汴京熟食店，张挂名画，所以勾引观者，留连食客。今杭城茶肆亦如之，插四时花，挂名人画，装点店面。四时卖奇茶异汤，冬月添卖七宝擂茶②、馓子、葱茶，或卖盐豉汤，暑天添卖雪泡梅花酒，或缩脾饮暑药之属。向绍兴年间，卖梅花酒之肆，以鼓乐吹《梅花引》曲破③卖之，用银盂杓盏子，亦如酒肆论一角二角。今之茶肆，列花架，安顿奇松异桧等物于其上，装饰店面。敲打响盏歌卖④，止用瓷盏漆托供卖，则无银盂物也。

夜市，于大街有车担设浮铺⑤点茶汤，以便游观之人。

大凡茶楼，多有富室子弟、诸司下直⑥等人会聚，习学乐器上教曲赚之类，谓之"挂牌儿"。人情茶肆，本非以点茶汤为业，但将此为由，多觅茶金耳。又有茶肆，专是五奴打聚处，亦有诸行借工卖伎人会聚，行老⑦谓之"市头"。大街有三五家开茶肆，楼上专安着妓女，名曰"花茶坊"，如市西坊南潘节干、俞七郎茶坊，保佑坊北朱骷髅茶坊，太平坊郭四郎茶坊，太平坊北首张七相干茶坊，盖此五处多有炒闹，非君子驻足之地也。更有张卖面店隔壁黄尖嘴蹴球茶坊，又中瓦内王妈妈家茶肆，名一窟鬼茶坊，大街车儿茶肆、蒋检阅茶肆，皆士大夫期朋约友会聚之处。

《梦梁录》

【注释】

①吴自牧（生卒年不详）：钱塘（今浙江杭州）人，宋亡之后，吴自牧参照《东京梦华录》的体例，写成《梦粱录》，回忆南宋往事。

②擂茶：把茶叶与芝麻、草药等混合，在臼中捣烂，放入水中煮沸，饮用。

③《梅花引》：曲名。曲破：唐宋乐舞的第三段称为"破"，特点是节奏快，有歌有舞。单独表演这一段，称为"曲破"。酒肆里的曲破只有吹奏的乐曲，没有舞蹈。

④响盏：一种击打乐器。歌卖：用唱曲的形式叫卖。

⑤浮铺：流动摊铺。

⑥下直：古代官吏完成一天的公事。

⑦行老：一个行业的领头人。

【赏读】

南宋都城杭州有太多的茶肆。商业社会，赚钱是茶肆经营者的最高目的。宋朝人有经营的头脑，想出各种花样吸引茶客，增加销售额。比如在茶肆的门外敲打乐器，歌唱引客。比如精心布置店面，美化店中的环境。比如设计出"奇茶异汤"，丰富经营的品种。比如在茶肆中吹奏乐曲，让顾客们生出一种新鲜感，同时凸显自家的经营特色，也能增加茶品的附加值。

茶里的勾当千奇百怪。从经营的品种来看，把南宋的茶肆称为饮料店更为准确，因为这里售卖的一些饮品与茶没有一点关系，而且跟随季节而不断变化。其中的葱茶、缩脾饮都有治疗的功效，在中医药方中经常可以见到。

另一种擂茶，现在一些地方仍有饮用的习惯，是把茶、芝麻、花生、草药等物混合，一起在臼中捣烂，然后放入水中煮沸饮用。比如明代的孙绪写有一首《擂茶》："何物狂生九鼎烹，敢辞粉骨报生成。远将西蜀先春味，卧听南州隔竹声。活火乍惊三昧手，调羹初试五侯鲭。风流陆羽曾知否，惭愧江湖浪得名。"

宋代所谓的"七宝擂茶"，大概是与茶相配的材料一共七种。这样的擂茶根据其中包含的草药的不同，也有特定的疗效。

一个茶坊要想在激烈的竞争中生存下去，要么有特色经营，要么有招揽顾客的特殊手腕，最不济也要有一块独特的招牌，比如朱骷髅茶坊、一窟鬼茶坊，这样的名字十分吸引眼球。

来到茶肆的顾客形形色色，大多数人是来寻求交际与交易的。当然，也有许多人来这里纯粹是为了消遣，为了品尝某种饮品，或者为了一盏香茶。

茶肆之外，在杭州的街头和夜市还有一种流动的茶摊，售卖茶汤，方便游客随时饮用。《梦粱录》描述杭州的夜市也有一个点茶的婆婆，头带三朵花，敲打着响盏和拍板，沿街招呼游人，引人发笑。

茶屋记 贝琼①

携李②屠生兼善，颜其息游③之所曰"茶屋"。盖兼善嗜茶，尤善烹茶之法。凡茶之产于名山，若吴之阳羡、越之日铸、闽之武夷者，收而贮之屋中。客至辄汲泉烹以奉客，与之剧谈终日，不待郏莒之会④焉。

余因告之曰："昔陆鸿渐著《茶经》三篇，蔡君谟亦著《茶经》上下二篇⑤，而玉川子则有《答孟谏议惠茶诗》，兼善尝取而读之乎？彼奴视⑥茶者，未若鸿渐之深于味，惜计口腹之小⑦，而不免御史李季卿之辱。君谟以宋之名臣，乃进龙凤团，希宠一时，如丁晋公所为，不免欧阳永叔之讥。若玉川子，洛阳布衣耳，谏议饷以先春之品，其于润燥吻、沃枯肠，饮之不厌，可谓好之至矣。然不徒足一己之好为事，且忧百亿万苍生困于颠崖，未获其苏息⑧，遂因以讽在位之君子，是以天下为心者乎？此三子皆知嗜茶，鸿渐固不足言，君谟乌能无愧于玉川子也？兼善必辨于是，而有玉川之心已。"亟起而求书为记。余复笑谓之曰："俟大雪之夜，过茶屋听松风泅泅作秋涛声，酒醒一书，未晚也。"而请之益坚，遂书之。洪武五年冬十月初吉，两山老樵贝琼记。七年秋七月七日重书于成均东斋。

《清江文集》

【注释】

①贝琼（1314～1379）：字廷居，原名贝阙，字廷臣，号清江，崇德（今浙江桐乡）人，笃志好学，明初做过国子助教，参与编修《元史》，有《清江文集》《清江诗集》存世。

②檇李：嘉兴特产的水果。此处作为地名，具体位置一说在嘉兴，一说在崇德，也就是现在的桐乡。

③颜：题写堂匾。息游：休闲。息，作劳休止。游，闲暇无事。

④不待：不想，用不着。邾莒之会：吃饭。邾莒，春秋时两个小国，《洛阳伽蓝记》中有"羊比齐鲁大邦，鱼比邾莒小国"。

⑤《茶经》上下二篇：蔡襄所著应为《茶录》。

⑥奴视：鄙视，轻视。

⑦计口腹之小：指陆羽只关注茶本身，只关注如何用茶满足人的口腹之欲。

⑧苏息：休养生息。

【赏读】

一个名叫屠兼善的人非常喜欢喝茶，把自己的斋堂命名为"茶屋"，每日以茶会友，乐在其中。贝琼因此与他谈起过往的一些嗜茶者，口气像一个人生导师。

贝琼主要提到了三个人，一是陆羽，二是卢仝，三是蔡襄。他认为陆羽太专注于茶本身，最终因此受辱。蔡襄为一时名臣，却只知道迎合君意。只有卢仝，在满足个人享受的同时，为天下茶农的艰困而忧虑，格局比陆、蔡二人为大，值得效仿。

贝琼是元末明初的文章名手，许多人请他为自己的书斋、楼堂作记，这位茶屋的主人屠兼善便是其中一位。像《茶屋记》一类的文字，贝琼写了不少。

贝琼还写过一篇《双井堂记》，与黄庭坚有些关系。南宋时，黄庭坚的一个后代考中进士，定居在平阳，在门前开挖两个池塘，命名自己的住处为双井堂。他的后代几次找到贝琼，请他务必写一篇《双井堂记》。贝琼应命提笔，细数原委，此时黄庭坚已经死去三百多年，此双井堂也与分宁的双井没有什么关系了。

屠兼善收藏的茶中有阳羡茶、日铸茶和武夷茶。看来，元末明初不但北苑贡茶早已经没落，连与它相近的壑源茶也从嗜茶者的案头消失。

杭州茶坊^①　田汝成

　　杭州先年有酒馆而无茶坊，然富家燕会，犹有专供茶事之人，谓之"茶博士"。王希范^②《西湖赠沈茶博诗》云："百斛美醪终日釅，碧瓯偏喜试先春^③。烟生石鼎飞青霭，香满金盘起绿尘。诗社已无孤闷客，醉乡还有独醒人。因思僝直銮坡^④夜，特赐龙团出紫宸^⑤。"

　　嘉靖二十六年三月，有李氏者，忽开茶坊，饮客云集，获利甚厚。远近仿之，旬日之间，开茶坊者五十余所，然特以茶为名耳，沉湎酣歌，无殊酒馆也。

《西湖游览志余》

【注释】

　　①标题为编者拟。

　　②王希范：王洪，字希范，明朝洪武年间进士，后入翰林，任《永乐大典》副总裁官。

　　③先春：明初的上等贡茶也来自福建，有探春、先春、次春等。

　　④僝（bào）直：也作"僝值"，官员在官府中值夜。銮坡：翰林院的别称。

　　⑤紫宸：宫殿。

【赏读】

"茶博士"一词,最早出现在《封氏闻见记》中,称陆羽为"煎茶博士"。

王洪是杭州人,生活在明初洪武、永乐年间,考察他送给沈茶博的诗,这是一位活动在西湖边的茶博士。说明明代初期,在杭州有许多与饮茶相关的从业者,却没有茶坊。

从王洪生活的年代到嘉靖年间,杭州市面上的茶坊为什么消失,这中间究竟出了什么问题,有待研究。到了明世宗嘉靖年间,李氏的茶坊一开,立刻生意兴隆,获利丰厚。而且,新开的茶坊里也卖酒,与酒馆没有什么分别,显然,只要赚钱,商家不问茶酒。

王洪在永乐年间进入翰林院,他在诗中说皇帝赐给他龙团,如果是实写的话,证明这个时候贡品茶中还有团茶。

田汝成在《西湖游览志余》中提到一种"七家茶",不同于茶肆之茶、聚会之茶,是杭州人的一种交际茶。每到立夏日,各家冲泡新茶,配上精美的果品和名贵的茶具,再起一个好听的名字,馈送亲友和近邻。这种七家茶带有问候、致敬的属性,是一种礼物,既要好喝,更要好看。富贵人家竞相出新,借此显示自己拥有的财富。杯盏中的茶水反而被人忽视,仅仅尝一尝了事,算得上本末倒置。

茶所　许次纾

　　小斋之外，别置茶寮。高燥明爽，勿令闭塞。壁边列置两炉，炉以小雪洞①覆之，止开一面，用省②灰尘腾散。寮前置一几，以顿③茶注茶盂，为临时供具，别置一几，以顿他器。旁列一架，巾帨悬之，见用之时，即置房中。斟酌之后，旋加以盖，毋受尘污，使损水力。炭宜远置，勿令近炉，尤宜多办，宿干易炽。炉少去壁，灰宜频扫。总之以慎火防蒸，此为最急。

《茶疏》

【注释】

　　①雪洞：涂刷白灰的墙壁。

　　②省：减少。

　　③顿：安放。

【赏读】

　　在一个恰当的地方品尝好茶，一直是文学之士的理想。唐代诗人白居易在一首《睡后茶兴忆杨同州》中写道："信脚绕池行，偶然得幽致。婆娑绿阴树，斑驳青苔地。此处置绳床，傍边洗茶器。白瓷瓯甚洁，红炉炭方炽。沫下曲尘香，花浮鱼眼沸。盛来有佳色，咽罢余芳气。"池畔幽树之下，张挂起一张绳床，支起茶炉，摆开茶碗，人在绳床之上，捧盏品茗，悠然怡然。

许次纾是和白居易一样的嗜茶者，恰当地说，他所讲的茶寮是家中烹水、备茶之所。明代人逐渐放弃了唐、宋流行的茶饼，饮用散茶，省去了碾茶、罗茶的步骤，大大减少了童子、仆人的劳动量，烹茶的用具也大为精减。

由此可以看出明代杭州城里一个中产之家的饮茶讲究，这恐怕也是这则文字的唯一意义。毕竟，从文字的趣味来看，这一则"茶所"远远比不上"饮啜"。

茶寮 高濂

　　侧室一斗①，相傍书斋，内设茶灶一，茶盏六，茶注二，余一以注熟水。茶臼一，拂刷、净布各一，炭箱一，火钳一，火箸一，火扇一，火斗一，可烧香饼。茶盘一，茶橐②二，当教童子专主茶役，以供长日清谈，寒宵兀坐。煎法另具。

《遵生八笺》

【注释】

　　①一斗：一小间。

　　②橐（tuó）：皮制的鼓风用具。或指袋子。

【赏读】

　　关于茶室的器物，高濂给出了最细致的一份清单。有茶灶、炭箱、火钳、茶臼等等，所以更恰当地说，这里不是喝茶的所在，而是烧火烹水备茶的地方，所以要与书斋相连，那里才是清谈、兀坐的地方。

　　《长物志》中也有类似的说法，认为茶寮"以供长日清谈、寒宵兀坐。幽人首务，不可少废者"。李日华在《六研斋笔记》中也写过单独的茶室，也与备茶的地方相分隔，是干净清爽的房间，"横榻陈几其中，炉香茗瓯萧然，不杂他物"。

　　这样的地方，与朋友对壶清谈，十分相宜。一个人兀坐，当然更妙，也就是李日华所说"独坐凝想，自然有清灵之气来集我身。清灵之气集，则世界恶浊之气亦从此中渐渐消去"。

　　造就那样一个清爽的茶室，当然需要一个器具齐全的茶寮，需要一两个能干的茶童，吹火涤器，随时听命。

茶寮记　陆树声①

园居敞小寮于啸轩埤垣②之西，中设茶灶，凡瓢汲、罂注、濯拂之具咸庀③。择一人稍通茗事者主之，一人佐炊汲。客至，则茶烟隐隐起竹外。其禅客过从④予者，每与余相对结跏趺坐⑤，啜茗汁，举无生⑥话。

终南僧明亮者，近从天池来，饷余天池苦茶，授余烹点法甚细。余尝受其法于阳羡士人，大率先火候，其次候汤，所谓蟹眼鱼目，参沸沫沉浮以验生熟者，法皆同。而僧所烹点，绝味清，乳面不黟⑦，是具入清净味中三昧者。要之，此一味非眠云跂石人，未易领略。余方远俗，雅意禅栖，安知不因是遂悟入赵州耶？时杪秋既望，适园无诤居士与五台僧演镇、终南僧明亮同试天池茶，于茶寮中漫记。

《茶寮记》

【注释】

①陆树声（1509～1605）：字与吉，号平泉，南直隶华亭（上海）人，嘉靖年间进士，做过礼部尚书，有《陆学士杂著》《茶寮记》等著作。

②埤垣：矮墙。

③咸庀：齐备。

④过从：来访。

⑤结跏趺坐：修禅者的一种坐法。也指静坐、端坐。

⑥无生：不生不灭。

⑦黟（yī）：黑色。

【赏读】

《茶寮记》一卷，分为人品、品泉、烹点、尝茶、茶候、茶侣和茶勋等七则。每则"寥寥数语，姑以寄意而已，不足以资考核也"。

陆树声对政治的兴趣不大，他活了九十多岁，十之六七是在家中度过的。在翰林院的时候，因为与严嵩政见不和，罢职回乡。后来张居正主政，请他复出，陆树声推辞不就。

家居时，陆树声与终南山的僧人明亮一起切磋茶艺，著成这一卷《茶寮记》。明亮带给陆树声一些天池茶，并且指点如何烹水点茶，此前陆树声曾经跟别人学习过，大家的手法和步骤都是一样。但是他认为明亮点出的茶更清绝，汤色更好，有不同寻常之妙。

陆树声此时在隐居修禅，与明亮之间算得上志同道合，明亮经手的东西，自然看上去更出色。这是否也算是一种幻境？如果心底无尘无碍，所有的茶汤应该都是一样清澈甘甜。

扬州茶肆^① 李斗

双虹楼，北门桥茶肆也。楼五楹，东壁开牖临河，可以眺远。吾乡茶肆，甲于天下，多有以此为业者，出金建造花园，或鬻故家大宅废园为之。楼台亭舍，花木竹石，杯盘匙箸，无不精美。

辕门桥有二梅轩、蕙芳轩、集芳轩，教场有腕腋生香、文兰天香，埂子上有丰乐园，小东门有品陆轩，广储门有雨莲，琼花观巷有文杏园，万家园有四宜轩，花园巷有小方壶，皆城中荤茶肆之最盛者。天宁门之天福居，西门之缘天居，又素茶肆之最盛者。

城外占湖山之胜，双虹楼为最。其点心各据一方之盛。双虹楼烧饼，开风气之先，有糖馅、肉馅、干菜馅、苋菜馅之分。宜兴丁四官开蕙芳、集芳，以糟窖馒头得名，二梅轩以灌汤包子得名，雨莲以春饼得名，文杏园以稍麦^②得名，谓之鬼蓬头，品陆轩以淮饺得名，小方壶以菜饺得名，各极其盛。而城内外小茶肆或为油镟饼，或为甑儿糕，或为松毛包子，茆檐荜门^③，每旦络绎不绝。

《扬州画舫录》

【注释】

①标题为编者拟。

②稍麦：烧卖。

③茆（máo）檐荜（bì）门：简陋的门面。茆，同"茅"。荜门，竹片、荆条编成的门。

【赏读】

这算得上一篇扬州茶肆的综述。

李斗认为扬州的茶肆天下第一，有其道理。扬州人开设茶肆的地点，通常选择私家的花园，或者富家故园，有楼台亭舍，有花木竹石，基本都是园林式的，场面大，环境好。

有些茶肆干脆就是豪门旧宅的一个荒弃的角落，茶客们置身旧时堂榭之间，把盏啜茗，闲话故事，能从苦香的茶汤中品咂出浮世的衰荣交替。

扬州茶肆的器物用品十分精良，各家店铺的名字取得也好，像双虹楼、二梅轩、腕腋生香、文杏园、四宜轩、小方壶，单看这名字，就让人很想进去尝试一下。

茶肆太多，互相之间就会有竞争。每一家茶肆要想生存下去，必须独具特色。除了在茶品上动脑筋，最重要的是做出特色的茶点。像双虹楼的烧饼，蕙芳轩和集芳轩的糟窖馒头，二梅轩的灌汤包子，雨莲的春饼，小方壶的菜饺，文杏园的烧卖等等。

合欣园^① 李斗

  合欣园本亢家花园旧址，改为茶肆，以酥儿烧饼见称于市。开市为林媪，有女林姑，清眸^②窥牖，软语倚闾，游人集焉，遂致富。于头敌台^③开大门，门可方轨^④，门内用文砖^⑤亚子，红阑屈曲；垒石阶十数级而下，为二门，门内厅事三楹，题曰"秋阴书屋"。厅后住房十数间，一间二层，前一层为客座，后一层为卧室。或近水，或依城，游人无不适意。未几林媪死，林姑不知所之，遂改是园为客寓。

《扬州画舫录》

【注释】

  ①标题为编者拟。

  ②眸（lú）：瞳仁，眼珠。

  ③头敌台：扬州系列地名，包括头敌台、二敌台等，下文还有五敌台，彼此相距不远。

  ④方轨：车辆并行。

  ⑤文砖：彩色砖。

【赏读】

  扬州的亢氏经营盐业，家资巨万，在扬州城北建造庭园，沿河造房一百间，绵延一里左右，十分显赫。

亢家衰败之后，旧业瓜分，其中的一处旧宅做了茶肆，名字叫做合欣园，主人是林媪。

合欣园比较有特色的两样东西，一样是酥儿烧饼，应该是女主人林媪的手艺；另一样就是林媪的女儿，名叫林姑。酥儿烧饼的特点如何，不得而知。林姑却是清瞳软语，十分可人，于是合欣园的生意十分红火。

名为茶肆，合欣园的经营却不单单限于茶果、食物，同时开着客店，临河的房间有十几间。扬州这个地方有许多远道而来的游人，对客店的需求很多，经营者的获利空间更大。

看来，扬州的许多茶肆，只是用茶作为招牌。可惜合欣园的兴旺并没有持续多久。林媪很快死去，林姑下落不明，令人猜想，真真可惜了一处好茶肆。

小秦淮茶肆① 李斗

　　小秦淮茶肆在五敌台。入门，阶十余级，螺转而下，小屋三楹，屋旁小阁二楹，黄石巑岏②。石中古木十数株，下围一弓③地，置石几、石床。前构方亭，亭左河房四间，久称佳构，后改名"东篱"，今又改为客舍，为清客评话戏法女班及妓馆母家来访者所寓焉。

《扬州画舫录》

【注释】

　　①标题为编者拟。

　　②巑岏（cuán wán）：峻峭、耸立，高峻的山峰。

　　③弓：古代一种丈量土地的工具，木制，形状似弓，长约五尺。

【赏读】

　　这是一处低档的茶肆，地势比街面还低，另一边直抵河岸，有河房四间。此外还有三间小屋，两间小阁，有黄石，有古木，有方亭，有石几、石床。

　　总体而言，这家茶肆稍显局促，在五尺见方的一块地面上布置了石几、石床，有点拥挤。地方小，该有的布置一样都不缺少，构成一处精致的小茶肆，并且被称为精品。可惜后来改成了客店，宿客多是下九流的江湖艺人和妓女。大概客店的收益比茶肆好，毕竟，经营的目的是赚钱。

在这种地方喝茶，能触摸到扬州城最本色的质地。

游山具^① 李斗

　　江增，字兆年，号矅生，性好山水，于黄山下构卧云庵自居。制茶担以济胜^②，行列甚都，名曰"游山具"。剡柳木令扁，以绳系两头担之，谓之"扁担"。蒙以填漆，上书庵名。

　　担分两头，每一头分上中下三层：前一头上层贮铜茶酒器各一，茶器围以铜，中置筒，实炭，下开风门，小颈环口修腹，俗名"茶锥"；酒器如其制，而上覆以铜，四旁开窦，实以酒插，名曰"酒锥"，俗呼为"四眼井"。旁置火箸二，小夹板二，中夹卧云庵五色笺，小落手袖珍《诗韵》一，砚一，墨一，笔二。中层贮锡胎填漆黑光面盆，上刺庵名。浓金填掩雕漆茶盘一，手巾二，五色聚头扇七。下层为棂，贮铜酒插四，瓷酒壶一，铜火函一，铜洋罐一，宜兴砂壶一，烟合一，布袋一，捆炭作橐，置之袋中，此前一头也。

　　后一头上层贮秘色瓷盘八。中层磁饮食台盘三十，斑竹箸一十有六，锡手炉一，填漆黑光茶匙八，果叉八，锡茶器一。取火刀石各一，截竹为筒，以闭火。下层贮铜暖锅煮骨董羹，傍列小盘四，此后一头也。

　　外具干瓠盛酒为瓢赏，截紫竹为箫，以布捆老斑竹烟袋，并挂蒲团大小无数于扁担上。江郑堂^③为之作《游山具记》。每一出游，湖上人皆知为矅生居士来也。

　　　　　　　　　　　　　　　　　　　《扬州画舫录》

【注释】

①标题为编者拟。

②济胜：攀登胜境。

③江郑堂：江藩，字子屏，号郑堂，著有《周易述》《枪谱》《叶格》《茅亭茶话》《缁流记》《名优记》等。

【赏读】

扬州人江增很会享乐，有钱又有闲，在黄山建造了一处别墅，取了一个很常见的名字"卧云庵"。江增又经常出行，寻找名山胜水。

出门在外，到了山野之中，这位江增还要讲究到底，要像在家中一样喝酒、饮茶、吸烟，一点委屈都不肯受。于是就要随身携带酒具、茶具和烟具，归拢到一副担子里，方便携带。

这副担子当中，与饮茶相关的有茶铫、火箸、雕漆茶盘、宜兴砂壶、填漆黑光茶匙、锡茶器等等。这些器具制作精良，茶盘要雕漆的，瓷盘要秘色的，茶匙要填漆的，连扁担上都要填漆，书写上江增的名号。

器物完备，还需要果肴和食物，需要另外整理一副担子，所以这一套游山具起码需要两个壮健的挑夫，江增本人当然不会出力。

江增的这一套游山具，在明代的《遵生八笺》中也有，比如一种备具匣，布局合理紧凑，里面装着茶盏、骰子盆、香炉、香盒、茶盒、筷子瓶、文房四宝、骨牌、骰子盒、耳挖、牙签、指甲刀、酒牌、诗牌、诗笺、梳妆匣，配合叠桌、提盒、提炉等等，休闲生活所必须的器物应有尽有。